U0011678

動吃瘦！
女神養成提案

14天高效健身和飲食全攻略，
有效燃脂、確實增肌！

運動營養師 **楊承樺** & 健身教練 **蔡在峰** & **潘慧如** & **張家慧** ／著

preface

| 潘慧如 |

　　《動吃瘦！女神養成提案》這本書，我希望能傳遞給大家的訊息，不是如何瘦成紙片人，而是如何能吃得好又健康瘦。

　　我相信在很多人的眼中，一定覺得我很瘦，哪裡胖啊？沒錯！因為我天生四肢纖瘦，的確視覺上很瘦，即使胖了一點，也只要靠衣服遮一下肚子，就看不出來變胖，完全是靠天生不易胖體質在揮霍自己的身體！或者是體重增加了，就餓個肚子少吃幾餐，就會瘦了。我也跟大多數人一樣不愛、甚至討厭運動，覺得運動很累。

　　但隨著年齡增長、體質改變，已經到了吃了一定胖，不吃更水腫的狀態。餓肚子這些自以為對的方法已經沒用了，我才開始意識到，應該要認真的動一動了。但「動」一定要去健身房嗎？「飲食」一定要這不能吃那也不能吃嗎？其實不一定！！

　　這本書就是要打破大家的迷思，要「瘦」也能吃得好，要「瘦」也能在家動。相信我，只要跟著專業營養師和專業教練的方式持續去做，一定會越瘦越健康，維持健康的體態。

作者序

這本書真的是我和慧如，整理了足足三個月的【女神再造計劃】中自身體驗的收穫與分享。這三個月裡，我們不僅每週進行三到四天的健身，還結合了專業營養師監督我們每日三餐的飲食，回頭看當時，也不知道怎麼的，就這麼完成了我們訂立的目標。

健身操體能，不累嗎？

飲食要忌口，不難受嗎？

過程當然累啊！但在肌肉炸裂之後，自己可以明顯得感受身體每一吋的緊實，還有越來越清晰的肌肉線條，光是這兩點，就可以成為期待下一次健身訓練的動力了！

因忌口而感到難受，不是吃得很少，或是容易餓，而是過去的飲食習慣對身體不好，在女神計畫的期間，所有的食物都必需在對的時間內吃，而不是隨心所欲的現在想吃什麼就往嘴裡塞。調整飲食習慣，再搭配適合自己的運動，身體的回饋，很快就能讓我們看到不一樣的改變哦！

運動營養師 | **楊承樺** |

很榮幸今年參與【女神再造計畫】，帶著身為運動營養師的使命感，協助慧如和家慧透過飲食和運動的縝密搭配，將體能和體態更進一步的提升為「女神」。

這本《動吃瘦！女神養成提案》就是計畫的「精華版」，把我和蔡教練的專業結合，讓一般讀者也能開始「動、吃，瘦！」。

飲食的部分，我除了解答這幾年來最常被問到的運動飲食問題、以科學化數據提出說明之外，也安排了搭配 14 天運動的飲食建議，為了方便讀者們進行，其中大部分以外食呈現安排，別擔心，有我把關，讓你外食也能瘦喔！當然若你願意多多動手親自做餐點，相信呈現效果會更棒。

在計畫的過程中，慧如和家慧就是「飲食客製化」的最好範例，三個月內他們的生活習慣和身體組成（體脂、肌肉）有很大的不同，隨運動內容搭配的飲食也會隨之變化；飲食計畫不是完全照著當紅的減重飲食法吃，就可以達到效果，千萬別因此認為「是不是要胖一輩子了」，你只是還沒找到身體的最佳瘦身飲食組合而已。相信我，吃對了＋動起來，你一定也可以瘦下來！

健身教練｜**蔡在峰 Vic**｜

很榮幸能夠擔任這本《動吃瘦！女神養成提案》中專業訓練師的腳色，在年初的【女神再造計畫】中，我是以運動科學 - 肌力與體能的元素，來為兩位女神做計畫式的運動處方設定，搭配上專業營養師的菜單。書中將計畫的精華以兩週的訓練處方方式重現，做到最有效率也最完整的飲食訓練規

劃。不論是健身老手還是原地打轉的健身小白兔，相信這本書能夠為大家帶來大大的收穫。

肌力與體能元素的宗旨，是希望透過專業的訓練安排，以提升身體全面的能力為目標，達到力量、活動度、代謝的強化，使身體進化成高效能的強壯族群！

近年來，國內運動風氣已經非常盛行，但也常看到許多訓練方式提倡短時間成效的快速運動，幾分鐘就能瘦、幾天就能練出倒三角、六塊肌、馬甲線、蜜桃臀等等，很多健身新手信以為真，往往導致受傷或成效不佳，反而放棄訓練，將好不容易培養好的熱情動機給澆熄了！身體數據的改變，本來就是一項工程，需要是時間及規律的運作，好比是蓋房子的概念，需要先打好地基，才能夠一樓一樓往上蓋。健身所傳達的訊息跟人生觀是很相近的，「沒有一步登天，只有腳踏實地」。

慧如和家慧能夠在三個月內完成目標，除了課表及菜單落實執行外，靠的是她們的意志力及規律，能夠在高壓的工作時間下，找出時間做訓練，克服心魔，非常厲害，也能給想好好訓練的新手族群，好好學習效仿，也感謝專業營養師 Neo 楊承樺的專業飲食菜單，落實了「動、吃、瘦」的理念。

健身就跟人生一樣，願意投入熱情，並努力耕耘，就一定會有收穫，剛起步時往往會被內心的聲音、困惑給影響，並非是身體不行，也許起步做的很輕，練的時間很短，也沒有關係，重點是願意踏出那一步，就已經很棒了，每個人都有資格成為更好的自己，No pain No Gain。

contents 目錄

為了自己 一直美下去

Part 1

只要想開始, 你的身體就是健身房

Part 2

〈健身教練來解答〉

想瘦身，一定不能挨餓

Part 1

爲了自己
一直美下去

打造和身體對話的機會！
成為女神，
就是找到愛自己的方法。

　　對很多女性來說，有些人必須忙著照顧一家老小，在職場與家庭間奔波，而有些人忙著應付著別人對於自己的期待，在工作中力爭上游，用盡力氣，讓自己站穩一席之地。減肥瘦身對他們來說，是年輕女孩才有的閒情逸致，長時間下來，忘了照顧自己，甚至當身體已經正在發出警訊了，還是選擇忽視，總有一堆藉口不想面對。

　　「女神再造」企劃，是兩位知名女藝人潘慧如與張家慧，用三個月的時間，想要證明即使年屆四十歲、代

謝下降，也能在運動教練與運動營養師的協助下，完成增肌減脂的目標，為了自己重新打造更健康的身體機能。

　　過程剛開始很辛苦，但當身體開始適應後，就漸入佳境，逐漸養成運動習慣，學習了正確的飲食知識。潘慧如和張家慧克服了這場挑戰，想和大家分享執行企劃時的心路歷程，無論你是處於人生的哪一個階段，要勇敢走出現在的舒適圈，給自己一次機會，愛自己，照顧自己，找回健康又美麗的新生活。

已經是很上鏡的「標準身材」，
還需要減肥？

　　出道早，從事演藝工作多年，潘慧如和張
家慧在螢光幕前都是屬於高挑纖細甜美的形
象，他們也坦言，出道以來憑藉著自己年輕，
先天條件也不錯，很少為維持身材而苦惱；但
隨著年紀的增長，才發現身體不再像年輕時可
以隨心所欲。

　　以前如果發現體重增加了，只要減少用餐
量、稍微忌口，就可以馬上回到原來的體重；
這幾年突然警覺，要維持原來的身材，似乎不
再是件容易的事了。

　　熱愛戲劇演出的潘慧如依然活躍於螢
光幕前，演藝工作應接不暇，不論戲份多
寡，每場戲都全力以付，精湛的演出是製
作單位們的最愛；而張家慧愛情長跑十年，
走入婚姻，有一位剛開始上幼兒園的五歲
兒子，努力在工作與家庭間取得平衡；但
五年的家庭主婦生活，忙著照顧家人，打
理家務，她才發現身上的馬甲線早已不復
存在了。

面對年齡增長的考驗，身體機能開始產生變化，潘慧如與張家慧藉由這次的企劃，重新認識自己的身體。兩人個性不同，生活現況不同，身體條件更是明顯的對照組，可以提供給想要讓自己更健康的女性，許多值得參考的面向，減少錯誤的嘗試，引以為鏡。

改變開始，運動教練開始規劃運動菜單，運動營養師要求兩位要拍攝兩週的日常飲食內容。從兩人的飲食習慣看來，潘慧如的飲食其實是吃得太少，少油少鹽，少湯，不愛吃火鍋和麻辣鍋；張家慧飲食正常，澱粉需求較大。有趣的是，兩人一開始的體脂數據，張家慧反而比潘慧如低，這正說明了每個人的身體條件都不一樣，要改變前，一定要有這個認知，不是做相同的運動和同樣的飲食，就會有一模一樣的結果。

你們的目標好難！
一般人做不到怎麼辦？

我們的目標似乎讓一些讀者感到怯步，「已經是瘦子的你們都還要更瘦！那一般人怎麼辦？」這次的「女神再造」企劃，我們當作是一種挑戰，所以目標也比較嚴格；重點是我們在過程中了解到身體的需求，希望各位讀者以健康為前提，維持正常的體脂，就是最好的目標喔！

潘慧如

四肢纖細、
體脂偏高的泡芙人

目標 ▶▶ 體重 48 公斤，體脂降為 20%

因為工作的原因，平常胃口就很小，習慣控制飲食，因此不太吃零食、就算吃也是選擇鹹食，例如洋芋片或蒟蒻乾，也不吃油炸和甜食。四肢和臉是老天爺賞飯吃，比較不會顯胖，真正會發胖的地方是肚子和屁股；若因拍戲而熬夜，身體就容易水腫。平常都會穿著垮褲來掩蓋自己的缺點，在女神再造企劃前，體重是將近 54 公斤，腰圍 28-29，達到人生的巔峰。

最胖的時候是小孩三至五歲時，因為已經會走路了，所以整天都要盯著孩子，只有到了小孩睡覺的晚上才可以放鬆。結婚前原本沒有喝酒的習慣，生完小孩後，媽媽的精神壓力大，時不時會想要喝一杯小酒，一喝酒就會想要配東西吃；腰部、屁股、肚子很鬆，腰圍逐年遞增，從 26 吋至開始運動前，已經有 30 吋了。因為身高夠高，視覺上不會覺顯胖，但洗澡時，看到自己原本引以為傲的馬甲線已經消失不見了，還是會覺得很懊惱。

目標 ▶▶ 體重可以維持，體脂降為 19%

基本資料

狀況：忙著照顧小孩，精神壓力大
身高：171 公分
體重：52 公斤
體脂：22%
運動：沒有時間運動
飲食：喜歡吃飯、麵包，睡前酒，偶爾會吃宵夜

張家慧

壓力大、飲食不忌口，
馬甲線失蹤

意志力的挑戰：
運動，不就是跑步跟流汗就好了嗎？

一開始，運動教練聽到「女神再造」企劃時，抱持著懷疑的態度。要在三個月內達到以上的運動目標，必須要搭配很高強度的運動，非常挑戰意志力以及要堅持下去的決心。不僅當時教練對兩位女藝人的信心明顯不足，而她們兩人面對運動時也是迥然不同的心情。

運動目標		
第一個月	1 週 2-3 天	減脂，體脂降 2%
第二個月	1 週 4 天	增肌，增加肌肉量
第三個月	1 週 3 天	塑身，養成運動習慣

潘慧如：
「抱著隨時掛急診的心情，帶著健保卡去運動。」

潘慧如原本是屬於能躺就不要坐，能坐就不站的人，出門就是以車代步，完全懶得動。從小就體弱多病，是求學時期，在學校晨間升旗站太久

就會昏倒的學生；自覺自己肌耐力可以，但四肢很不協調，跑步姿勢怪異，心肺體能運動完全不行。

　　一開始，教練規劃要先減脂再增肌，因此一開始給慧如的課表，就是大量的心肺運動，消耗很多體能。起初在第一個月，她的身體完全無法負荷，頭暈想吐，甚至耳鳴；求好心切的她，運動過程中常常覺得自己快要不行了，下一秒就需要掛急診，但在教練的激勵下堅持下去，一個月之後體能才開始慢慢變好。

　　身體開始適應了之後，更大的挑戰來了。原本慧如的生理期都很準時，在開始女神再造的企劃後突然沒來；又觀察了兩個星期後，生理期還是沒造訪。醫師詢問她的作息後，說明因為體脂降太快或是體脂太低時，腦下垂體會告訴身體正處於未成熟的階段，所以就會出現停經的現象，是自然的反應。

而原本每月都要用 Inbody 量測數據，但由於慧如還是有經期症候群，包含水腫和肚子變大，暫時無法量測，以免數值失真；只好先量體重和腰圍的數字，來預測體脂的變化。

　　但這時候量出來的結果，體重和腰圍數字都沒減少，甚至還反增！這也讓潘慧如內心壓力更大，在和營養師懇談時還不禁落淚。營養師將飲食內容調整為增加身體的代謝率，同時請醫師用打針的方式促發月經的到來，終於又過了八天，月經就來報到了。

　　經期結束後，慧如用 Inbody 量測身體數據，不僅體重有降，腰圍也少了兩公分，更令人驚訝的是，原來體脂降了 4% 之多！正常是一個月降 2%，果然是體脂降太快，導致生理期的錯亂，也讓潘慧如上了一堂生理健康課，在接下來的運動時間裡，學到如何調整自己的運動節奏，釋放心理的壓力，達到身心平衡的狀態。

跟著網路上的健身運動菜單做了好幾天，只有肌肉痠痛，是不是這個動作對我沒效？

剛剛開始運動的人，不要盲目地追求當下流行的運動，先建立對身體部位的感知，認識身體各位部位的肌肉跟力量，使用到正確部位的肌肉，減少運動傷害，才能讓健身或運動的效果最佳化喔！

張家慧：
「運動時，靠冥想找到正確的施力點。」

　　小時候有受過田徑隊的訓練，運動底子很好，面對一開始的高強度運動，張家慧自信滿滿，適應上不是問題，每次要去健身房運動，相較於慧如的第一個月苦苦調整體能，家慧顯得非常雀躍。

　　身體漸漸習慣運動強度後，教練接著變換菜單，漸進式地增加強度；雖然在三個月當中，痠痛感一直都在，但家慧運動得非常開心。

　　即便如此，嚴苛的考驗也是沒有放過她。在第二個月時，運動內容是心肺功能加上重訓，家慧期許自己做好，卻在這時腰部受傷，連翻身都沒有辦法；只要身體有震動，就連走路都很痛。教練研判應該是拉傷，原因在於出力的位置不對。經過休息兩週自主運動，不斷熱敷，晚上在腰部放暖暖包睡覺，最後才慢慢恢復。

沒有運動習慣的人，身體的肌肉量和肌耐力都不足，運動時容易用錯力，運動傷害就會開始累積。每個動作都會有正確的施力位置，以及該部位應有的痠痛感，如果發現痠痛感的位置不對，或許就是用力的位置不對，這樣就很容易會造成傷害；腰部、膝蓋是最容易受傷的部位。

　　張家慧後來學到，運動時要「冥想」。以仰臥起坐為例，如果是肩膀跟脖子很痠，那就是施力點用錯了。當教練說，腹部快要炸開了嗎？她就閉上眼睛冥想，感受腹部的肌肉，就會知道自己有沒有用對力量。

　　又以抬腿這個動作為例，注意力集中臀部跟大腿的肌肉，當這兩個部位正在發熱跟緊繃，才是正確的用力。以前走路時，常常都是大腿前側的肌肉酸痛，現在跟著教練的指導，就會知道要用臀部的肌肉上樓梯，相對就會比較輕鬆。

和運動營養師合作，隨著運動內容和身體狀況調整飲食內容。

 ## 對的時間吃對的食物：
吃這麼多真的能瘦嗎？可以！

　　女神計畫中的運動方面，交由專業的運動教練指導協助，但如果只有運動，沒有調整飲食，對於身體反而會造成更大的傷害，所以運動營養師扮演相當重要的角色。

　　潘慧如和張家慧三個月來，完全依據營養師規劃的菜單飲食，而第一個月的菜單為了配合減脂期，和第二、三個月「增肌／塑身」期的菜單有所不同，這也是運動營養師希望帶給大家的觀念，在對的時間，要吃對的食物，特別是在運動前中後，吃對了，就能幫助身體有效燃燒脂肪、修復肌肉，而不是一味地少吃、零調味、不吃澱粉或斷食。

選擇「低脂」和「超低脂」的蛋白質來源	
低脂	極低脂
帶皮的雞胸肉 豬雞牛里肌肉	不帶皮的雞胸肉 海鮮

　　運動營養師將食物分成六大類，其中主要是：蛋白質、蔬菜、水果、主食 (澱粉、碳水化合物)、奶類、油脂，並搭配運動的菜單，每天都有飲食的指引，兩人從中也學習了正確飲食的知識。以蛋白質為例，可分成高脂、中脂、低脂和極低脂，在企劃期間，建議吃中、低、極低脂這三類食物，隨著營養師的指示調整，潘慧如與張家慧也逐漸內化成自己的飲食習慣。

　　雖然同樣在進行女神再造的企劃，但兩個人的身體構成數據不同，因此營養師提出的指引也不同，接下來就看看兩位的「女神餐」有什麼差異。

吃得飽，才能不復胖！

運動瘦身時，飲食真的非常重要，吃得對，吃得精，才會達到最好的狀態。不要盲目相信坊間口耳相傳的減肥法，一味的斷油，不吃澱粉或是只吃水果等，都是不對的方法，讓身體不斷處在沒有飽足感的狀態下，反而就會更想吃東西，徒勞無功。

〈潘慧如的女神餐〉 **這樣吃**

平日早餐攝取澱粉，
運動後半小時內吃碳水！

一天兩餐　　　　　　　　　　　　　　　　　　**【平日】**

早午餐
澱　粉	半碗飯（糙米飯）or 兩片麵包
青　菜	1 份
水　果	2 份
蛋白質	豬里肌肉

> 日式湯底的火鍋是最好的選擇，可選擇里肌肉片當主食。

- -

晚餐
澱　粉	✕
青　菜	3 份
水　果	✕
蛋白質	低脂肉類 5 份（如果青菜和肉都是清燙，可以吃堅果補充油脂；如果是用食用油清炒則不用。）

*1 份肉約是 2 片火鍋肉片。　＊晚餐於 18:00 以前吃完，21:00 睡覺

運動前一到二小時，就要把早餐吃完　　　　　　　　**【運動日】**

早餐
澱　粉	半顆饅頭
青　菜	1 份
水　果	2 份
蛋白質	蛋（心肺類運動）or 牛奶（其他運動）

- -

運動後
澱　粉	御飯糰 1 個、雙手卷 1 份 2 個
青　菜	✕
水　果	✕
蛋白質	黃金豆漿、蛋（茶葉蛋、水煮蛋或溏心蛋）

- -

晚餐
澱　粉	✕
青　菜	大量的蔬菜
水　果	✕
蛋白質	低脂肉類 4 份（如果青菜和肉都是清燙，可以吃堅果補充油脂；如果是用食用油清炒則不用）、有殼海鮮

＊晚餐於 18:00 以前吃完，21:00 睡覺

平日和運動日差不多，
運動後多一餐

三餐正常 　　　　　　　　　　　　　　　　　　　【平日】

早餐	澱　粉	X
	青　菜	1 份
	水　果	X
	蛋白質	2 份＋ 300ml 或 400ml 的無糖豆漿

🕘 9:00 用餐

午餐	澱　粉	地瓜
	青　菜	2 份
	水　果	2 份（盡量挑選不同的水果）
	蛋白質	涮肉片

🕛 12:00 用餐

晚餐	澱　粉	X
	青　菜	一大盤青菜
	水　果	X
	蛋白質	低脂蛋白質 5 份

🕕 18:00 用餐

運動日在三餐的基礎下，運動後再多一餐 　　　　【運動日】

運動後	澱　粉	御飯糰 1 個、雙手卷 1 份 2 個
		或包子（甜鹹皆可）或沙威瑪
	青　菜	X
	水　果	X
	蛋白質	1 杯 400ml 無糖豆漿

🕞 15:30 用餐

＊半小時內吃完

> 補充碳水化合物＋醣類增加肌肉量，但超過運動半小時後吃，就會轉成脂肪喔！

慧如對於飲食指引最大的感想，是「每餐都很確實地吃飽，不過在下一餐就會消化完畢感到餓」。讓她印象最深刻的是，營養師規定在這三個月當中，甜食只能在運動後補充，讓原本不吃甜的她，反而可以吃甜食了！

關於這一點，運動營養師說，因慧如高強度運動後，經常吃不下原本菜單開的食物，但此時又需要盡快補充做恢復，因此改成容易入口的甜食，例如芋頭吐司，含糖飲品像是陽光豆漿，都能改善原本吃不下的狀況。

從兩人的飲食指引來看，內容看似大同小異，兩人改變過後的身形也有些許的差異，不過，潘慧如雖然體脂降得很快，但肌肉的生成速度比張家慧來得慢，主要是慧如過去運動基礎較不如家慧，因此考量運動循序漸進原則安排，肌肉的負荷增加進展會略慢於家慧，再加上慧如一開始體脂率較高，她個人在飲食上也更自律，注意飲食中減少不必要的油脂攝取，使得降體脂較快，因此兩人的身形略有差異。

女神再造：
身心靈飽滿的美麗人生

「妳終於做到了！」是完成目標的喜悅，更是重新建立自信的開始，相信自己的堅強與勇敢，這份自信，都將成為健康人生最可貴的財富。

吃對的食物,自主規律的運動,
精神變好,狀態變好。

After

目前的狀態

體重49公斤(計畫剛結束時為48公斤),
腰圍 74 公分

改變後的日常

- 晚餐不吃澱粉,如果晚上要工作,
  就點不付白飯的便當。
- 繼續執行營養師的菜單。
- 油炸類食物減量。
- 維持小酌習慣。
- 運動習慣:自己在家自主訓練,1週3天。

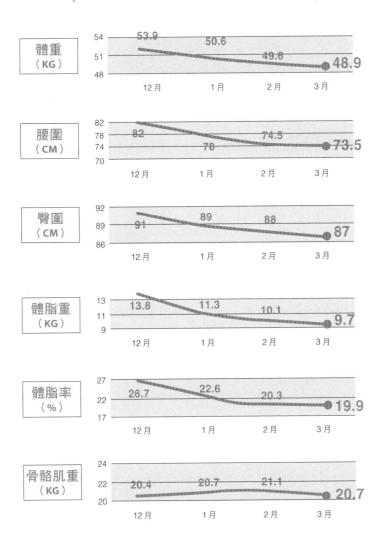

〈 潘慧如的女神再造計畫三個月成果 〉

體重（KG）
53.9　50.6　49.6　48.9
12月　1月　2月　3月

腰圍（CM）
82　78　74.5　73.5
12月　1月　2月　3月

臀圍（CM）
91　89　88　87
12月　1月　2月　3月

體脂重（KG）
13.8　11.3　10.1　9.7
12月　1月　2月　3月

體脂率（%）
26.7　22.6　20.3　19.9
12月　1月　2月　3月

骨骼肌重（KG）
20.4　20.7　21.1　20.7
12月　1月　2月　3月

女神名言

健身運動完，身體會累，

同時有種突破的成就感。

After

目前的狀態

體重不變，肌肉量增加，
體脂 18%

改變後的日常

- 剛結束三個月的企劃後，歷經短暫
  的完全不忌口飲食，但一個月後就
  自覺地回到正確飲食。
- 澱粉類排在中午或是運動過後吃，
  晚餐不吃澱粉。
- 不吃宵夜。
- 完全不喝酒。
- 運動習慣：一週 2 至 3 天，在家運動。

〈 張家慧的女神再造計畫三個月成果 〉

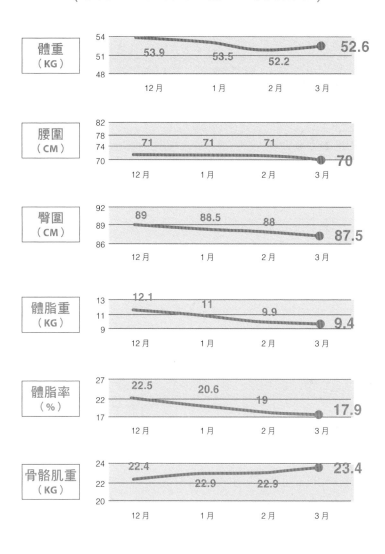

體重
（KG）

54				
51	53.9	53.5	52.2	52.6
48				
	12月	1月	2月	3月

腰圍
（CM）

82
78 · 71 · 71 · 71
74
70 · · · · 70
　12月　　1月　　2月　　3月

臀圍
（CM）

92
89 · 89 · 88.5 · 88
86 · · · · 87.5
　12月　　1月　　2月　　3月

體脂重
（KG）

13 · 12.1
11 · · 11 · 9.9
9 · · · 9.4
　12月　　1月　　2月　　3月

體脂率
（%）

27 · 22.5
22 · · 20.6
17 · · 19 · 17.9
　12月　　1月　　2月　　3月

骨骼肌重
（KG）

24 · 22.4 · · · 23.4
22 · · 22.9 · 22.9
20
　12月　　1月　　2月　　3月

潘慧如：
沒有做不到的事情，而是你有沒有為它努力過。

如果不從變瘦的角度來說，現在的潘慧如，開始有規律的作息，吃對的食物，自主規律的運動，精神變好，狀態變好。

以前怎麼睡都好累，現在 7 點就會自己起床，精神很好，不會覺得累。免疫力也增強了，深深感覺到身體強度變高了，莫名痠痛的次數更是減少，即使突然感到痠痛，也知道該如何修復自己身體。

張家慧：
時間就和乳溝一樣，擠一下還是會有的。

結婚有小孩以後，自己的時間變少了，在這三個月當中，發現運動的時間就成了私密的時間，是一段好好跟自己相處、跟身體對話，並轉換心情的時光，體力精神都變好了。雖然在每一次的健身過程中，都在挑戰自己的體力與意志力，但每次健身運動完，身體會累，同時還會有種自身又突破了什麼的成就感。

上午把該做的事做一做，接著去運動，結束後剛好可以接小孩下課，回家繼續忙下半場的孩子與家務。

日子一樣很忙碌，但在忙碌的日常生活中，終於擠出時間，為自己做了件原本就想做的事，反而多了份充實感！心境上少了焦慮感，變得有耐

心，也許是運動釋放了媽媽的負能量，反而不再侷限自己看事情的角度，用滿滿的正能量，展開了全新的生活。

「冰水」與「鹽糖」 是體力恢復的好朋友

　　在不能有多餘油脂的情況下，兩人發現只要吃一塊「鹽糖」，就可以幫助修復身體，降低疲勞感，瞬間把身體喚醒，恢復體力。

　　運動時，可以喝運動飲料，但如果不喜歡運動飲料的話，可以漸進式的喝冰水，先含在嘴中，再慢慢的吞下去。冰水也可以消除疲勞感，讓身體得到舒緩，可以繼續努力。

健身教練來解答

只要想開始
你的身體
就是健身房

沒去過健身房，
先從「建立習慣」開始

如果你從來都沒有運動習慣，或是曾經一時興起跑了兩天步、跟著網路影片做了幾次深蹲後就拋在腦後的話，首先會建議建立起「規律運動／訓練」的習慣。

無論是居家訓練或戶外活動，都可以不用加入健身房，持續時間也可以從短暫的二十分鐘、半小時慢慢進展到一個小時甚至更多，一步步感受身體的變化和運動後所帶來的成就感，才會有持續挑戰自己身體的動力。

當然，如果你一開始就下定決心要加入健身房、卻不知道該做什麼，真心建議找一名教練和你討論訓練的目標並訂定計畫，方向明確才能建立強烈的動機，此外也能在訓練過程中培養正確身體控制，避免不良動作習慣而增加受傷的風險，在安全的狀況下讓身體持續進步，才是最理想的結果。

「居家訓練」
是打開運動大門的好方法

若是剛接觸健身的新手，以居家訓練（徒手、輕負荷）開始執行，在正確的動作及適當的強度下，其實就能有不錯的效果。不過到了後期，身體的成長可能還是會因為負荷不足或器材受限，而無法持續提升訓練強度

健身初學者 最常遇到的問題

（1）不熟悉各種器材的使用。

（2）將所有器材用了一輪，沒進行有規劃的訓練菜單，
無法有效的訓練刺激肌肉。

（3）短期訓練後，發現沒有達到目標而逐漸放棄。

（4）初期訓練後所帶來較明顯的肌肉痠痛，因而抗拒健身。

（有 HOME GYM 的朋友不算喔），導致訓練上的瓶頸。

除此之外，居家訓練的強度依據「自身體重」，較難以完整量化，因而無法確定每次的訓練強度是否足以讓身體進步。**對於運動經驗零以及想要開始建立運動訓練習慣的初學者來說，居家訓練是一個很好的開頭，對於大部分已經有在訓練的人，則是維持原有的訓練水準，甚至是延緩退步的速度。**

基於各種考量，暫時不想上健身房的運動新手來說，可以把居家訓練視為建立規律運動習慣、打造挑戰自我動力的方法，之後再進一步到健身房的專業場地，尋求專業教練的協助。只要有心想要開始改變，花時間投資下去的汗水和乳酸堆積，一定會顯現在你的身體上！

練到第幾週
可以增加負荷？

在經過一段時間的運動／訓練之後，身體就會習慣這種運動量和重量，因此必須增加運動強度和負荷。如果是健身房訓練，又有合格的教練指導，自然會依據每個人的狀況，評估是否該增加強度和重量；不過，如果是居家練習的時候，要怎麼知道自己什麼時候可以增加負荷了呢？

這時候，建議先確定自己的訓練目標是什麼，因為不同的重量／負荷，也因應著能執行的反覆次數，帶給身體的刺激及後續效應也不盡相同。在決定訓練重量前，正常的 SOP 流程要先進行最大重量（1RM）的測試，之後根據所得出的結果換算百分比，依照訓練目標給定重量、進行訓練。

大家看到這邊一定感到非常麻煩，只是健身而已，居然還要算數學？！別擔心，以下有一個簡單的方法，用「反覆次數」快速了解適合自己的訓練重量。

訓練目標	建議次數 （無法繼續做下去的次數才算）	效益
肌耐力	15-20	偏向線條上的雕塑
肌肉肥大	6-15	肌肉圍度增加
肌力	1-6	增加力量

是追求想要的線條曲線？還是想把肌肉練大塊？又或是想增加基本的肌力？從上面簡單的表格可以發現，如果要訓練某個部位的肌力，建議次數是 1~6 下，重量可以稍高；如果是要練肌耐力，也就是練出曲線的話，可以用稍輕的重量，一次做多下。

先了解自己的目標，再找出目前適合自己的重量，每週或每兩週循序漸進的調整，居家訓練也可以取得有效的進展喔！

除了何時要增加訓練量、負荷量之外，也有很多居家練習和已經在健身房練習的朋友想知道，「當習慣了相同的訓練量，該如何突破？」在訓練中有許多變項可以進行調整，就算做相同的動作，也能給予身體不同的刺激。

常見基本的訓練內容，通常都是一個動作執行三至五組、八至十五下，搭配四到五個不同的動作，組合成一次訓練。而身體在長期同樣的訓練方式下，會逐漸適應而習慣，**這時可以從組數、重量和組間休息時間上做一些改變**，也可以嘗試健美人士訓練時會使用到的技巧，如遞減組（drop set）、超級組（super set）、巨人組（giant set）等等方法，來突破原本的訓練量及強度，提供身體新的刺激環境幫助成長。

---

* 遞減組：動作的第一組就用較大的負重，盡量完成要做的次數直到力竭；接著下一組之後每一次都將負重減少，每一次都要做到力竭。
* 超級組：兩個訓練動作之間不休息，或休息很短的時間。又分為訓練同肌群和不同肌群的組合。
* 巨人組：將同一肌群的四個或四個以上的訓練動作組合，動作間不休息、在一組內連續做完。

在後面的十四天高效增肌減脂運動計畫中,各位可以運用這幾個技巧,改變訓練的變項;這不只是兩週的運動課表,而是可以讓你養成運動習慣的開關,接著循序漸進地感受自己身體一天天變得更健康、更緊實的女神再造計畫!

訓練量要越來越高 才有用嗎?

在訓練的過程中若要進步,必須以「漸進式超負荷」的訓練原則,讓身體逐步接受更高的刺激及強度才能因此獲得成長。

光看這樣的說明,可能會讓大多數人認為,整體的訓練量會因時間的推移而越來越高,否則就沒辦法進步。然而,有訓練就會有疲勞的累積,如果長期訓練都是不斷地提升訓練量,將會導致身體來不及恢復而影響下個階段的表現/狀態。

俗話說「休息是為了走更長的路」,這時就會出現「減量訓練(Deload)」,也就是短暫地降低訓練量,讓身體獲得充分休息,再重新接受更高強度的訓練,才能持續進步,同時避免過度訓練的發生。

 ## 加上一些「想像力」，
讓訓練效果更好

　　每個人的肌肉敏感度和身體控制能力都不相同，這兩項感知較好的人，通常也比較快能抓住目標肌群在訓練過程中的收縮、發力。

　　很不幸地，若你剛好兩項能力都沒這麼理想，也不需要太緊張，透過了解想要訓練的肌肉所能做出的動作，並在動作方向上施予阻力、反覆收縮，搭配大腦的簡單意象，其實就能創造不錯的訓練效果；說白一點，就是在運動時，「想像力」也是很重要的！想像要訓練的肌肉在收縮和發力，會非常有幫助。

至於要如何在動作方向施予阻力呢？舉例來說，臀部主要能做出腳向後踢、向側面打開的動作，<u>此時就可以透過器材提供的阻力，讓這些動作執行變困難</u>；以側面抬腳的動作為例，如果要抬起右腳，可以用彈力帶繞過右腳，另一端踩在左腳下，當右腳朝右側抬起時，讓彈力帶施予朝左的阻力，肌肉因此受到刺激、破壞而成長，就是有訓練到了。

除了透過被訓練到的部位痠痛感之外，很多人也追求要練到「爆汗如雨」，才覺得自己「有練到」。其實，並不是每次訓練時，一定要練到筋疲力盡才有效果，肌肉痠痛的程度也不能完全代表訓練的有效與否。

<u>不斷追求每次訓練都要到非常痛苦，其實容易造成反效果</u>，過多的肌肉酸痛也可能導致下次訓練時的狀態不佳，在不斷疲勞堆疊的情況下，可能會導致過度訓練的發生。

因此相反地，應該更重視在訓練過程中每一次動作的品質是否良好，並根據訓練時所設定的目標扎實地完成。當給予身體的強度足夠，搭配正確的營養補充，自然就會進步了。

 ## 運動完之後體重增加，越減越肥？

這個問題是很多人在意的，甚至常常做為「我是不是不適合運動」的理由之一。在運動完之後，體重不降反增的狀況，可以分成兩個階段解答。

（1）剛運動完及之後二至三天

　　訓練／運動後，身體和肌肉會因為細胞受到破壞而產生損傷（可以想像成平常肉眼看得到的皮膚擦傷），並引起輕微的發炎反應，造成水分滯留於身體之中，讓體重輕微上升，因此剛運動完，會有體重增加的狀況是正常的喔！

（2）運動一陣子後，體重還是上升

　　在訓練／運動一陣子後，正常來說應該會因為體脂肪下降而造成整體體重的下降，但是肌肉量也會因訓練過程中所帶來的刺激而增加，同樣體積的肌肉會比脂肪還要重，加上訓練初期肌肉成長的速度快於體脂肪下降的速度，所以整體下來雖然體重是上升的，不過在內部組成上，可能已經是大大的不同了！

有氧運動和肌力訓練該如何搭配，效果最好？

　　如果一週可以訓練的頻率高（一週四次以上），建議可以肌力訓練與有氧訓練交替進行，例如在肌力訓練後的隔天進行有氧訓練，後天再進行肌力訓練，讓肌肉充分修復後再繼續給予刺激，也能避免肌肉持續處於疲勞的狀態而增加過度訓練的風險。

　　如果想把有氧與肌力訓練放在同一天進行，則會建議先做肌力後再執

行有氧；因為肌力訓練所需要的專注程度與身體控制更高，且還有體重額外的負荷，先有氧後再來做肌力，可能就會因身體疲勞而無法完成足夠的強度，影響當次訓練的效益。

至於想專注在增肌上的朋友，也建議不要在肌力訓練後進行太長的有氧，因為生理變化的交互影響，可能會導致肌肉合成減少，反而降低增肌的效果喔！

應該整體減重？ 還是先加強減脂？

先說答案，建議大家都應該以減脂為優先目標。

減重相對減脂，是一個更廣的範圍，體重組成的包含肌肉、水分、脂肪、骨骼等等各種組織，而減脂只是去除其中的體脂肪，若是單純為了減重而去除脂肪以外的組織，可能影響身體的健康（如水分和肌肉），過多的體脂累積也容易增加心血管疾病的風險和代謝症候群的發生，會建議大家先以減脂為目標，而體脂一旦下降，體重自然也會下降了。

兩週居家徒手訓練菜單

	DAY **1** 週一 上肢／中強度	DAY **2** 週二 下肢／高強度
Week 1	水平推拉系列 P048	雙邊下肢系列 P064
難度	★★★☆☆	★★★★☆
Week 2	垂直推拉系列 P114	多方向下肢系列 P132
難度	★★★☆☆	★★★★☆

DAY

3

週四
核心訓練．控制／低強度

屈伸核心系列
P080

★★☆☆☆

旋轉核心系列
P146

★★☆☆☆

DAY

4

週六
心肺訓練／高強度

全身性間歇系列
P098

★★★★☆

跳躍系列
P162

★★★★☆

第一週

DAY / **1** 上肢水平
推拉系列

難度

★★★☆☆

組合

暖　　身　▶　**2** 動作

上肢訓練　▶　**5** 動作

緩　　和　▶　**2** 動作

WARM UP A
毛蟲爬

(啟動肌群和部位) (次數)

身體前側
腿後肌群、小腿

反覆 10 次

02

雙腳不動,用雙手往前
走,膝蓋不彎曲。

01

從站姿出發,雙手高
舉後,上半身前彎。

04

身體維持倒 V 型,雙腳
快碰到手之前,重複步
驟 2~3 約 10 次。

03

雙手走到最遠、差不多是平
板式的位置後,讓雙腳往前
走(膝蓋不彎曲)。

DAY

1

暖身

/

上肢訓練

/

緩和

世界最好的伸展

01

左腳向前跨出、呈弓箭步，
右腳往後伸直，上半身往
前，雙手按穩地面。

02

右手掌在右肩正下
方，左手肘彎曲，
感覺往地板靠近。

啟動肌群和部位	✕	次數
髖關節周圍肌群及 旋轉肌群		左右各 10 次

03

左手舉高，帶起胸口朝左
旋轉，視線往上看左手。
做完 10 次後換邊。

DAY

1

暖身 ／ 上肢訓練 ／ 緩和

伏地挺身

01

雙手伸直撐地，雙腳往後伸直，維持身體穩定；雙手距離約比肩寬多一個手掌。

02

開始動作時，胸口往下、接近地面，起身時用力將身體推起。

NG!

✕ 駝背　　✕ 拱腰

✕ 手肘外開
角度過大

✕ 手在胸口
太前／太後

次數／組數	✖	時間	✖	訓練部位
15~20 次／1 組 共 3~5 組		每組中間休息 30 秒～1 分鐘		胸肌、三頭肌 三角肌

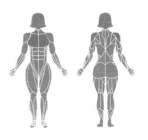

暖身　／　上肢訓練　／　緩和

變化式

初級版

① 將手的位置墊高

② 跪姿伏地挺身

增強版

● 把腳的位置墊高

挑戰版

● 將雙手的距離縮短，讓三頭肌使用更多，做起來較不容易。

做伏地挺身時，有兩個方法，可以更有效地啟動胸肌：
● 起身時，想像手掌根用力推向地板。
● 手與胸線平行，並與軀幹呈垂直。

VIC 教練

小叮嚀

EXERCISE ▶ 02

水平划船

01

站姿，上半身往前傾，
感覺臀部向後延伸，
維持自身重心。

02

雙手自然下垂，拿或提重物（水瓶、
書籍或啞鈴），感覺啟動背部和手
部肌群，將重物拉至肚臍左右的位
置，再緩緩放回原位。

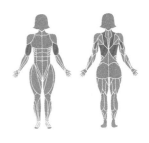

次數／組數	✖	時間	✖	訓練部位
15~20 次／1 組 共 3~5 組		每組中間休息 30 秒～1 分鐘		闊背肌、三頭肌 二頭肌、斜方肌

NG!

✖ 駝背

✖
手臂拉起（划船）時聳肩

變化式

俯臥版

★ 如果比較難掌握「肩胛骨後收」的動作，可先以俯臥的姿勢，雙手放於身體兩側，慢慢將肩胛向脊椎方向收緊。

★ 若家中無適合負重物品，可成仰臥姿勢，雙手放於身體兩側，將手肘壓緊地板向下推，訓練背部肌群。

VIC 教練

• 想像背部中間有枝筆，以「用背將筆夾斷」的感受，增強肩胛後收的動作控制。

• 拉起重物時，可以將手肘向後，超過身體並與腰部呈約一個拳頭的距離，提升背部肌群收縮的感受。

小叮嚀

仰臥飛鳥

01

仰躺姿勢,屈膝 90 度,雙手各拿
一個啞鈴並指向天花板,維持手
肘微彎。

變化式

★ 可依照自身肌力情況,調整重量。
★ 可請同伴在步驟 2 雙手打開時,於手肘施加阻力,增加離心動作時
　的負荷。

次數／組數	✖	時間	✖	訓練部位
15~20 次／ 1 組 共 3~5 組		每組中間休息 30 秒～ 1 分鐘		胸肌 前三角肌

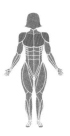

02

緩緩將雙手向外打開,當手肘碰地
時,回到原來起始位置。

 NG!

✖ 動作速度太快。
✖ 動作軌跡未平行胸線。

• 想像要將重物向前夾。
• 保持胸椎微微挺起,可以讓胸肌感受更佳。

VIC 教練

小叮嚀

EXERCISE ▶ 04

站姿反向飛鳥

01

站姿，雙腳打開，膝蓋微彎、上半身前傾，保持脖子到腰部一直線，雙手持啞鈴（或水瓶、書本等負重）。

變化式

★ 雙手不拿重物，抬起手臂時順勢向天花板比出大拇指，增加肩膀旋轉肌群的訓練。

次數／組數	✕	時間	✕	訓練部位
15~20 次／ 1 組 共 3~5 組		每組中間休息 30 秒～ 1 分鐘		斜方肌 後三角肌

02

穩定上半身,將雙臂
抬起向兩側打開、像
是朝天花板做出展翅
動作,同時收縮肩
胛,然後回到原位。

✕ 手臂抬起向上時,
　 頭部跟著前移。

✕ 過度拱腰。

反向三頭肌伸直

01

找一張穩固的桌子或沙發，背對桌面／椅面，雙手往後抓住家具邊緣，膝蓋彎曲。

- 身體往下壓時，稍微將手肘上抬，可以增加三頭肌的張力。
- 起身時不要將手肘完全伸直，讓三頭肌持續用力。

VIC 教練

小叮嚀

次數／組數	✕	時間	✕	訓練部位
15~20 次／ 1 組 共 3~5 組		每組中間休息 30 秒～ 1 分鐘		三頭肌

02

維持肩膀手肘位置固定，
緩慢將軀幹向下壓，感覺
到三頭肌繃緊後，回到起
始姿勢。

NG!

✕ 身體下壓時，手肘過
度外開。

✕ 手肘的位置不固定。

變化式

肌力足夠增強版

★ 膝蓋不彎，雙腿伸直以增加強度。

★ 面向桌面或椅面，以棒式為起始姿勢，動作時前臂保持固定，以三頭肌將身
　 體撐起。

COOL DOWN
緩和

COOL DOWN A
胸大肌 伸展

01
雙手向後，十指
互扣，注意掌心
朝後。

02
將胸口挺起，肩
胛稍微後縮，感
覺胸肌被拉伸。

COOL DOWN **B**

肱三頭肌
伸展

01

右手高舉過頭，彎
曲手肘、摸到左邊
頸部後方。

02

左手將右手手肘
拉向頭部，伸展
三頭肌。結束後
換邊。

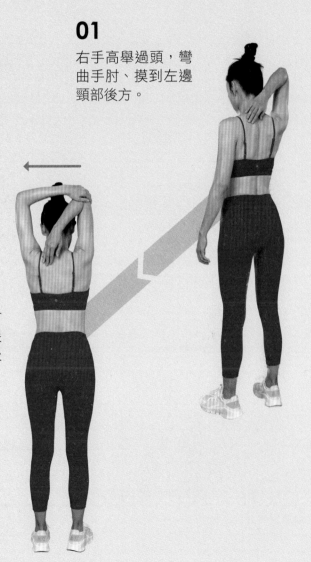

DAY
1

暖身

/

上肢訓練

/

緩和

DAY / **2** 雙邊下肢
系列

(難度)

★★★★☆

(組合)

暖　　身 ▶ **3** 動作
下肢訓練 ▶ **5** 動作
緩　　和 ▶ **2** 動作

WARM UP A

撥水式

啟動肌群和部位	×	次數
前腳小腿肌群 腿後肌群及臀部		各 10 次

01

從站姿出發，右腳往前一步，膝蓋不彎曲，左腳微彎。

02

臀部往後推，同時上半身往前、往下，腹部靠近大腿。

03

雙手伸直、像是要撈起腳邊的水，感覺右腳的腿部後側有拉伸展感。

04

手維持伸直的姿勢，上半身抬起回到 1，手肘彎曲回到身側。重複 10 次後換邊。

DAY

2

暖身

／

下肢訓練

／

緩和

WARM UP ─── *B*

世界最好的伸展

啟動肌群和部位	×	次數
髖關節周圍肌群及旋轉肌群		各 10 次

01

左腳向前跨出、呈弓箭步，右腳往後伸直，上半身往前，雙手按穩地面。

02

右手掌在右肩正下方，左手肘彎曲，感覺往地板靠近。

03

左手舉高，帶起胸口朝左旋轉，視線往上看左手。做完 10 次後換邊。

T 字單腳延展

啟動肌群和部位 ✕ 次數

支撐腳推後側肌群，
同時訓練單邊核心
穩定及骨盆控制能力

各 10 次

01

站姿出發，右腳踩
穩後，左腳抬起，
雙手環抱膝蓋。

02

左腳緩慢穩定地向後抬
起，同時上半身前傾，
雙手往前延伸。盡量讓
自己從側面看起來呈 T
字型。結束後換邊。

徒手深蹲

01

站姿，一開始雙腳距離可比骨盆略寬一些。

02

下蹲時保持身體重心，建議幅度至臀部低於膝蓋，即可起身。

變化式

★ **加強版**
背負重物（雙肩背包內放重物）可以增加難度。

★ **挑戰版**
在動作最低點停留 3~5 秒，訓練肌肉等長收縮的能力。
雙腳距離的不同，各肌群的使用比例也會略有差異：
● **較寬**：內收肌（大腿內側）、臀部肌肉使用較多
● **較窄**：股四頭（大腿前側）使用較多

次數／組數	✕	時間	✕	訓練部位
15~20 次／1 組 共 3~5 組		每組中間休息 30 秒～ 1 分鐘		股四頭肌、 腿後肌群、臀部

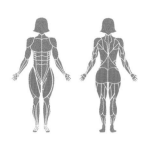

NG!

✕ 下蹲時上半身
過度前傾。

✕ 下蹲時過度
拱腰。

✕ 下蹲時膝蓋
內夾。

DAY

2

暖身 ／ 下肢訓練 ／ 緩和

VIC 教練

小叮嚀

● 發力時感覺雙腳的大拇指、小腳趾和腳跟,三個點
用力向下踩,能有更良好的肌肉輸出與穩定度喔。

深蹲側走

01

維持深蹲的下蹲姿勢，
先向左側橫移兩步。

下蹲時保持 ▸
身體重心。

變化式

★ **加強版**
若有彈力帶等器材，可依自身肌力情況綁在膝蓋上方或腳踝上方，增加橫向
阻力提高訓練強度。

★ **挑戰版**
上半身可稍微前傾，使臀部朝向後方，訓練的部位也會略有不同。

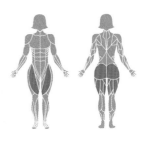

次數／組數	✕	時間	✕	訓練部位
15~20 次／ 1 組 共 3~5 組		每組中間休息 30 秒～ 1 分鐘		股四頭肌 腿後肌群、臀部

02

再往右橫移兩步，折返回原位。（來回算一次）。

NG!

✕ 動作過程中重心忽高忽低。
✕ 橫移過程中腳踝帶動過多。
✕ 動作過程軀幹過多晃動。

- 這個動作在訓練臀部外側肌力的同時，也訓練其他下肢肌群維持姿勢的能力。
- 向側面移動時，感覺膝蓋先向外帶的話，能讓臀部感覺更明顯。

VIC 教練

小 叮嚀

徒手硬舉

01

站姿開始，雙膝微彎，
感覺臀部向後延伸，雙
手放在約膝蓋的位置。

變化式

★ **加強版**
  可手提重物增加負荷，提
  高訓練強度。

★ **挑戰版**
  嘗試做單腳的版本。

次數／組數	✕	時間	✕	訓練部位
15~20 次／ 1 組 共 3~5 組		每組中間休息 30 秒～ 1 分鐘		腿後肌群、 臀部

02

臀部感覺往後撞開一
扇門，從脖子到背部
保持一直線，雙手順
勢來到腳踝位置，再
回到 1 的姿勢。

▼ 臀部的位置往
後方平移。

NG!

✗ 彎腰而非延伸
髖部。
✗ 起身時拱腰。

- 想像延伸時後方有一扇門，以臀部將門推開，可增
  加髖關節的啟動。
- 起身時以腳跟為發力點，可增加後側鍊的肌群感受。

VIC 教練

小叮嚀

EXERCISE ▶ 04

深蹲登階

01

維持深蹲姿勢在階梯（或一個有
高度、穩定的家具）前，一次一
腳踩上去。

變化式

★ 加強版
可以找更高的登階板或階梯來增加強度。

★ 挑戰版
在每一次登階雙腳著地後，再多做一個深蹲，增加下肢肌耐力的挑戰。

次數／組數	✕	時間	✕	訓練部位
15~20 次／ 1 組 共 3~5 組		每組中間休息 30 秒～ 1 分鐘		股四頭肌 腿後肌群、臀部

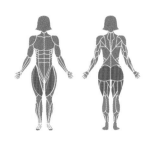

02

站直身體後在階梯
上深蹲，然後一次
一腳回到 1 的位置。

 NG!

✕ （登階過程中）
單腳站立時，身
體過多晃動

◀ 左右腳各登
階算 1 次。

- 若無專門的登階板，可找一個穩定且足夠高度的凳
  子或樓梯進行訓練。
- 可用節拍器來練習登階的節奏，同時做為檢視自身
  肌耐力狀況。

VIC 教練

小 叮 嚀

橋式

01

仰臥姿勢，雙腳屈膝踩地呈 90 度，雙手置於身體兩側。

02

穩定地將臀部向上抬起夾緊，完成動作時，注意肩膀、背部至膝蓋呈一斜直線。

NG!

✗ 抬起時過度拱腰。
✗ 上背部未跟著抬起。

次數／組數	✕	時間	✕	訓練部位
15~20 次／ 1 組 共 3~5 組		每組中間休息 30 秒～ 1 分鐘		臀部 腿後肌群

變化式

★ **加強版**
可在腹股溝位置增加負荷（例如啞鈴），增加訓練強度。

★ **挑戰版**
抬起臀部時，也抬起單邊腳，做單腳臀橋，增加平衡難度與強度。

VIC 教練
小叮嚀

• 起身時腳跟和腳的大腳趾向下踩，可增加臀部肌肉用力感受。

• 起身時手掌同時下壓，可幫助上半身的肌肉共同收縮，協助穩定輸出動作。

COOL DOWN
緩和

COOL DOWN A
鴿式
─────────

01
右腳在前，左腳在後，呈弓步跪姿。

02
將右膝往右倒、右腳盤在前；後腳打直，骨盆保持在中間；上半身可向前延伸，拉伸臀部和腿後肌群。結束後換邊。

COOL DOWN *B*
跪姿伸展

時間 × 次數
15~30 秒　2~3 次

01

雙腳呈跪姿,雙手
向後撐地。

02

維持雙膝跪地姿勢下,
緩緩將臀部抬起(離
開腳跟),伸展股四
頭肌。

DAY 2　暖身　/　下肢訓練　/　緩和

第一週

DAY /**3** 屈伸核心
系列

難度

★★★★☆

組合

暖　　身 ▶ **3** 動作

核心訓練 ▶ **6** 動作

緩　　和 ▶ **2** 動作

WARM UP **A**

三角式軀幹延展

啟動肌群和部位	✕	次數
軀幹側面 肌肉群		各 10 次

01
大字站姿，雙腳
張開到最大。

02
呼氣時身體左彎，同時右手
往左上伸直高舉過頭，左手
往右下延伸。結束後換邊。

世界最好的伸展

啟動肌群和部位 ✕ 次數

髖關節周圍肌群及　　　各 10 次
旋轉肌群

01

左腳向前跨出、呈弓箭
步，右腳往後伸直，上半
身往前，雙手按穩地面。

02

右手掌在右肩正下方，
左手肘彎曲，感覺往地
板靠近。

03

左手舉高，帶起胸口朝左
旋轉，視線往上看左手。
做完 10 次後換邊。

WARM UP C

高跪姿軀幹轉體

啟動肌群和部位	✕	次數
軀幹旋轉肌群		各 10 次

01

膝蓋跪地,呈高跪姿,
雙手交叉,分別放在兩
邊肩膀。

02

旋轉身體(軀幹)時,
保持肚臍朝前不移動,
一次向左一次向右,各
10 次。

暖身

/

核心訓練

/

緩和

EXERCISE ▶ 01

屈膝捲腹

01

仰臥姿勢開始，雙腳抬起、
90 度屈膝。

NG!

✗ 脖子晃動過大，造成代償。
✗ 雙手抱頭、造成過多頸部肌肉
的拉扯。

變化式

★ 加強版
可將雙腳伸直（加長力臂）增加
難度。

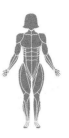

次數／組數	✕	時間	✕	訓練部位
15~20 次／ 1 組 共 3~5 組		每組中間休息 30 秒～ 1 分鐘		腹部肌群

02

雙手置於耳朵兩旁，維持屈膝姿勢，
緩緩將膝蓋朝胸口捲起至極限，繃緊
腹肌後再回到起始姿勢。

暖身

／

核心訓練

／

緩和

- 如果因為雙腳懸空、讓動作進行時不穩定，可先在
  下方墊物品以減少下肢的主動控制。
- 起身時可想像胸口帶動頭頸部捲起軀幹，來增加腹
  部感受。

VIC 教練

小 叮 嚀

仰臥抬腿

01

仰躺在地板上，在頭上方置一重物抓握，使上半身穩定，或可抓住穩固的桌腳椅腳進行。雙腳微微抬起離開地面。

▲ 也能在可仰臥的長椅凳上執行，改抓住椅子邊緣。

NG!

✗ 雙腿下放時腰部拱起。
✗ 抬腳時臀部未離開地面或椅面。

變化式

★ 挑戰版
臀部離地抬起後，可稍作停留 1~2 秒，增加腹部收縮的感覺。

次數／組數 ✕ 時間 ✕ 訓練部位

15~20 次／ 1 組　　每組中間休息　　腹部肌群
共 3~5 組　　　　30 秒～ 1 分鐘

02

將雙腿完全抬起，儘量與身體呈
90 度後再回到 1。反覆進行。

• 抬腳時，想像骨盆捲起的動作，增加腹部感受。
• 回到起始姿勢時，讓腳持續懸空，維持腹部張力。

VIC 教練

小 叮嚀

棒式

01

跪姿，前臂貼平地面、掌心朝上，手肘和肩膀成一直線。

02

抬起身體，維持上背部到臀部呈一直線，注意重心平均分散於肩、腹、腿。

變化式

★ **加強版**
若有同伴，可在支撐時從各方向推動軀幹，增加維持穩定的難度。

★ **簡易版**
在支撐期間若難以維持正確體線，可先將臀部抬高降低難度。

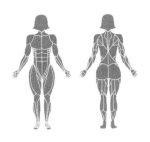

次數／組數	✕	時間	✕	訓練部位
1~1.5 分鐘／1 組 共 3~5 組		每組中間休息 30 秒～1 分鐘		腹部肌肉 肩部肌群

NG!

✕ 腰部塌陷，關節受力過大。

✕ 過度憋氣。

✕ 重心過前，造成肩膀壓力過大。

VIC 教練

小叮嚀

• 手肘用力壓向地板、將身體挺起，可以增加穩定度。
• 將骨盆微微後傾，可增加腹部感受。

側棒式

01

側臥姿勢開始，用
右邊前臂支撐上半
身，雙腳重疊。

02

用側腹肌群將骨盆撐起，維
持頭部至腳掌一直線。

NG!

✘ 身體未呈一直線。
✘ 側腹、臀部未確實
　離地撐起。

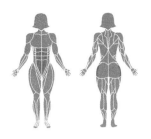

次數／組數	✕	時間	✕	訓練部位
1~1.5 分鐘／ 1 組 共 3~5 組		每組中間休息 30 秒～ 1 分鐘		腹部肌群 臀部外側

暖身

／

核心訓練

／

緩和

變化式

★ **加強版**
標準版若已熟悉，可加入骨盆上下的動態動作，增加腹部、臀部感受。

★ **簡易版**
若標準動作太吃力，可先以半跪姿進行，以膝蓋外側為支點，或雙腳交叉擺放增加穩定點。

• 沒有支撐在地面的手，可向天花板方向延伸，增加整體動作穩定。

VIC 教練

小叮嚀

熊爬

01

從四足跪姿開始，
雙膝離地。

VIC 教練

• 爬行時，想像背上放了一杯水，盡可能不讓水灑出，
  可以訓練骨盆穩定度。

小 叮 嚀

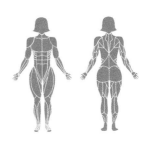

次數／組數	×	時間	×	訓練部位
來回約 40 公尺／ 1 組 共 3~5 組		每組中間休息 30 秒～ 1 分鐘		腹部 肩部核心

02

分別挪動對側的手腳，
往前爬行。

NG!

✕ 骨盆過度旋轉、晃動。
✕ 重心過度向前。

變化式

★ 可延伸至其他爬行動作，如蟲爬
或蜘蛛人爬。

單邊負重側三角式

01

站姿開始,雙腳打開比肩寬,單手提起啞鈴(或有重量的物品),保持身體不歪斜,沒有拿負重的另一手高舉過頭。

- 執行動作,注意背脊要保持平,想像後背貼著一面牆。

VIC 教練

小叮嚀

次數／組數	✕	時間	✕	訓練部位
各 15~20 次／ 1 組 共 3~5 組		每組中間休息 30 秒～ 1 分鐘		側面腹部 核心

02

上半身往啞鈴那一側倒，感覺這一側的側腹肌發力；另一手往上伸直，視線看上方的手。結束後換邊。

NG!

✕ 過程中駝背，或是臀部往後翹。

COOL DOWN
緩和

COOL DOWN A
眼鏡蛇式

01
趴姿，掌心朝下貼地，位置在肩膀下方。

02
手掌推地面，雙手拉直，讓頭、胸和腹部離開地面；胸口向上延伸，伸展腹部肌群。

COOL DOWN *B*

膜拜式

01

屁股坐在腳跟上，
上半身趴向地面，
雙手往前延伸，胸
口下壓。

DAY

3

暖身 ／ 核心訓練 ／ 緩和

02

臀部盡量靠近腳跟，
感覺下背部伸展。

DAY / **4** 全身性間歇
系列

難度

★★★★☆

組合

暖　　身 ▶ **3** 動作
心肺訓練 ▶ **5** 動作
緩　　和 ▶ **2** 動作

WARM UP A
毛蟲爬

啟動肌群和部位	×	次數
身體前側 腿後肌群、小腿		反覆 10 次

01
從站姿出發，雙手高
舉後，上半身前彎。

02
雙腳不動，用雙手往前
走，膝蓋不彎曲。

03
雙手走到最遠、差不多是平
板式的位置後，讓雙腳往前
走（膝蓋不彎曲）。

04
身體維持倒 V 型，雙腳
快碰到手之前，重複步
驟 2~3 約 10 次。

WARM UP *B*

世界最好的伸展

(啟動肌群和部位) ✕ (次數)

髖關節周圍肌群及
旋轉肌群

各 10 次

01

左腳向前跨出、呈弓箭
步，右腳往後伸直，上半
身往前，雙手按穩地面。

02

右手掌在右肩正下方，
左手肘彎曲，感覺往地
板靠近。

03

左手舉高，帶起胸口朝左
旋轉，視線往上看左手。
做完 10 次後換邊。

WARM UP C

小碎步

啟動肌群和部位	×	次數
快速提高心跳率		10 秒內 各 3~5 次

快速進行腳的
點踏動作。

DAY 4

暖身 / 心肺訓練 / 緩和

登山者

01

平板式開始,手臂伸直,
雙手手掌在肩膀下方,
掌心按穩地面。

02

右腳抬往胸口方向,像是抬腿
跑步的動作,左右腳交換。

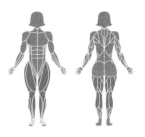

次數／組數	✕	時間	✕	訓練部位
各 30~40 次／ 1 組 共 3~5 組		每組中間休息 30 秒～ 1 分鐘		心肺耐力 下肢肌耐力

NG!

✕ 抬腿動作時拱腰

✕ 抬腿時，膝蓋朝外側打開

變化式

★ 簡單版

如果一開始很難以快速地反覆抬腿，可以先緩慢地交換抬腿。

VIC 教練

小 叮嚀

• 抬腿的時候，盡量想像目標是「膝蓋要碰觸到胸口」。

爆發式擺盪

01

雙手各拿一水瓶（或雙手持一較重的物品），雙腳打開與髖同寬。

變化式

★ **挑戰版**

可用單手持重物的方式進行，增加肩部穩定的難度。注意不要太勉強，以免肩膀受傷。

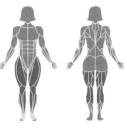

次數／組數	✕	時間	✕	訓練部位
30~40 次／ 1 組 共 3~5 組		每組中間休息 30 秒～ 1 分鐘		心肺耐力 下肢肌耐力

02

快速以下肢力量將重
物甩起至肩膀高度,
回到 1,反覆進行。

NG!

✕ 甩起時過度拱腰。
✕ 向下延伸時折腰。

暖身 ／ 心肺訓練 ／ 緩和

VIC 教練

● 準備甩起時,感覺臀部像觸電一樣瞬間往前推,建
  立快速收縮能力。
● 向下延伸時,讓重物穿過胯下,增加肌肉拉緊幅度。

小 叮 嚀

EXERCISE ▶ 03

反覆左右後弓步

01

站姿開始，右腳向後
跨大步，左腳在前，
膝蓋微彎。

NG!

✗ 下蹲時，軀幹向後倒。
✗ 下蹲時，膝蓋碰到地面。
✗ 下蹲時，前腳膝蓋向前過多。

- 弓箭步的正確姿勢，可以想像成是類似下跪求婚的
  動作。
- 前後腳的重心分配約為前腳 6：後腳 4。

VIC 教練

小叮嚀

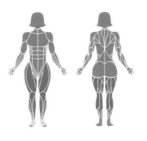

次數／組數	✕	時間	✕	訓練部位
各 30~40 次／1 組 共 3~5 組		每組中間休息 30 秒～1 分鐘		心肺耐力 下肢肌耐力

02

右腳下蹲，起身後順
勢併回前方，換左腳
往後跨大步進行步驟
1~2。

變化式

★ **加強版**
在起身時，用小跳躍的方
式回到站姿，增加強度。

暖身 ／ 心肺訓練 ／ 緩和

火箭推

01

從深蹲的預備站姿
開始,雙手各持一
重物或水瓶並架在
肩膀上。

02

起身,順勢將水瓶向上推直,
注意雙手位置在耳旁。

NG!

✘ 下蹲時,手未將重物架於肩。

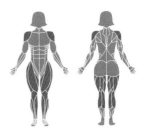

次數／組數	✕	時間	✕	訓練部位
15~20 次／ 1 組 共 3~5 組		每組中間休息 30 秒～ 1 分鐘		心肺耐力、肩部 與下肢肌耐力

變化式

★ **加強版**
同樣是下蹲後起身、順勢往上推直，但改為左右手交替向上推。

★ **挑戰版**
反向執行，站姿開始，下蹲的時候雙手往上推。

VIC 教練

小叮嚀

• 起身到上推的動作盡最大速度執行，訓練爆發力。
• 原則是手有動作時，身體就跟著動。

EXERCISE ▶ 05

平板式抬對側手腳

01

伏地挺身的預備動作，雙手
距離比肩寬多一個手掌。

變化式

★ **簡易版**
改以四足跪姿進行，同樣
抬起對側手腳。

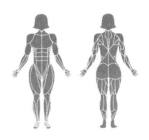

次數／組數	✕	時間	✕	訓練部位
各 15~20 次／ 1 組 共 3~5 組		每組中間休息 30 秒～ 1 分鐘		上肢肌耐力 心肺耐力

02

抬起右手和左腳，手不要超過肩，腳不要超過臀部。
換邊後反覆進行。

NG!

✕ 身體明顯歪向一側。
✕ 手或腳抬太高或太低。

VIC 教練

• 身體重心平均放置手腳，收緊腹部，注意保持平衡。

小 叮嚀

COOL DOWN
緩和

時間 × 次數
15~30 秒　　左右各 2~3 次

COOL DOWN **A**

鴿式

01
右腳在前,左腳在後,呈弓步跪姿。

02
將右膝往右倒、右腳盤在前;後腳打直,骨盆保持在中間;上半身可向前延伸,拉伸臀部和腿後肌群。結束後換邊。

下犬式

時間 × 次數
15~30 秒 　 2~3 次

D
A
Y

4

暖身 ╱ 心肺訓練 ╱ 緩和

01

四足跪姿開始，將膝蓋抬起離地。

02

將臀部向後向上推，感覺脊椎延伸、腿拉直。

03

盡量保持腳掌踩地，伸展背肌和腿後肌群。

1 上肢垂直推拉系列

難度

★★★★☆

組合

暖　　身 ▶ **3** 動作

上肢訓練 ▶ **6** 動作

緩　　和 ▶ **2** 動作

世界最好的伸展

(啟動肌群和部位) **×** (次數)

髖關節周圍肌群及
旋轉肌群

各 10 次

01

左腳向前跨出、呈弓箭
步，右腳往後伸直，上半
身往前，雙手按穩地面。

02

右手掌在右肩正下方，
左手肘彎曲，感覺往地
板靠近。

03

左手舉高，帶起胸口朝左
旋轉，視線往上看左手。
做完 10 次後換邊。

WARM UP B

毛蟲爬

啟動肌群和部位	✕	次數
身體前側 腿後肌群、小腿		反覆 10 次

01

從站姿出發，雙手高
舉後，上半身前彎。

02

雙腳不動，用雙手往前
走，膝蓋不彎曲。

03

雙手走到最遠、差不多是平
板式的位置後，讓雙腳往前
走（膝蓋不彎曲）。

04

身體維持倒 V 型，雙腳
快碰到手之前，重複步
驟 2~3 約 10 次。

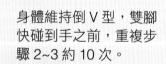

WARM UP C
肩部繞圈

啟動肌群和部位	✕	次數
增加肩關節 活動度		來回 15~20 次

01
拉住彈力繩的兩端，
置於胸前。

▲ 若沒有彈力繩，也可用
掃把或曬衣棍。

02
雙手從胸前開始，向上向
後繞過頭頂，彈力繩碰到
臀部後，再往上往前繞回。

DAY 1

暖身 / 上肢訓練 / 緩和

屈體 Y 字肩胛延展

01

站姿開始，髖部向後延伸，保
持背脊一直線、膝蓋微彎。

02

雙手向上抬起同時，大拇指比向
後方，手臂抬起的角度要和軀幹
形成如 Y 字型約 45 的夾角。

次數／組數 ✕ 時間 ✕ 訓練部位

15~20 次／ 1 組
共 3~5 組

每組中間休息
30 秒～ 1 分鐘

肩胛周圍肌群

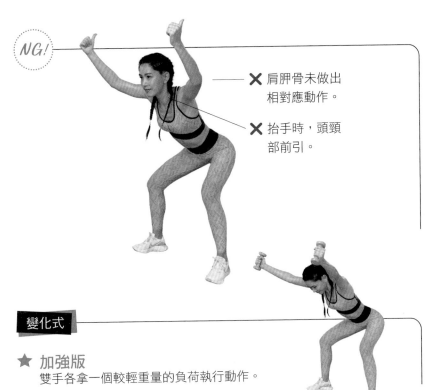

NG!

✕ 肩胛骨未做出
相對應動作。

✕ 抬手時，頭頸
部前引。

變化式

★ 加強版
雙手各拿一個較輕重量的負荷執行動作。

VIC 教練

• 抬手的時候，要以手肘將整條手臂向上帶。

小 叮 嚀

L型坐姿垂直推

01

坐姿，雙腳屈膝踩穩
地面，軀幹挺直。

02

雙手各持一重物，從肩
膀向上推，過程中維持
身體穩定 。

次數／組數	✖	時間	✖	訓練部位
15~20 次／ 1 組 共 3~5 組		每組中間休息 30 秒～ 1 分鐘		三角肌 三頭肌

暖身 ╱

上肢訓練

╱

緩和

NG!

✖ 動作時駝背。

✖ 動作時雙腳腳尖朝外。

變化式

★ **簡單版**
　若活動度較不佳，可將雙腳稍微向外打開，較能維持軀幹穩定。

VIC 教練

小叮嚀

● 向上推舉時，保持意識在朝頭頂方向推。
● 動作進行中，注意維持挺胸姿勢。

EXERCISE ▶ 03

俯臥闊背下拉

01

平板姿勢開始，雙
手各持一個負重。

NG!

✗ 單純以手部執行
動作，肩胛骨沒
有連動。

02

左手拉起至腰側，手肘超過身體，
慢慢放下後換邊。

次數／組數	✕	時間	✕	訓練部位
各15~20次／1組 共3~5組		每組中間休息 30秒～1分鐘		闊背肌

變化式

★ **簡單版**
改為四足跪姿，減少
平衡的難度。

★ **挑戰版**
簡單版當中，單腳往後舉
起，增加平衡度的挑戰。

• 手下拉時，感覺手肘夾腋窩，可以增加背部肌肉感
受。

VIC 教練

小叮嚀

肩部畫圈

01

站姿開始，膝蓋微彎，
雙手各持一個輕量的啞
鈴在身前。

02

掌心朝前，手往左右
兩側畫半圓至頭頂，
來回算一次。

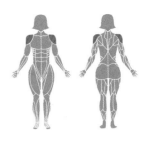

次數／組數	**✕**	時間	**✕**	訓練部位
30~40 次／1 組 共 3~5 組		每組中間休息 30 秒～1 分鐘		三角肌

NG!

— **✕** 用太多手腕的力量，導致手腕
肌群過度參與。

— **✕** 舉起時身體往前傾，
無法舉到正上方。

VIC 教練

• 感覺是用手肘在進行畫圈的動作，以增加三角肌收
縮感。

小 叮 嚀

拉毛巾三頭肌伸直

01

雙手手肘在背後一上
一下彎曲，上面的手抓
住毛巾尾端，抬至耳朵
旁，下方的手在背後抓
住毛巾另一端。

02

下方的手將毛巾往下
拉給予阻力，過程中要
維持毛巾繃緊有張力。

次數／組數	✕	時間	✕	訓練部位
各15~20 次／ 1 組 共 3~5 組		每組中間休息 30 秒～ 1 分鐘		三頭肌

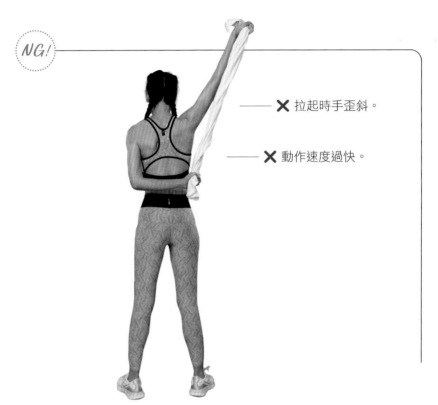

NG!

—— ✕ 拉起時手歪斜。

—— ✕ 動作速度過快。

變化式

★ 彈力帶
腳踩住彈力帶一端,一手抓另一端進行訓練。

★ 雙人版
訓練者一手抓毛巾尾端,手抬至耳朵旁並彎曲手肘;輔助的同伴抓毛巾下段向下拉給予阻力,過程中維持毛巾繃緊有張力。

拉毛巾二頭彎舉

01

取適當長度毛巾,雙
手各抓毛巾頭尾兩
端,與腰部同高。

02

掌心朝上,手肘貼於肋骨旁,
並彎曲手肘將毛巾抬起至與
肩同高,維持姿勢約 30 秒,
進行肌肉等長收縮訓練。

次數／組數	✕	時間	✕	訓練部位
30 秒／ 1 組 共 3~5 組		每組中間休息 30 秒～ 1 分鐘		二頭肌

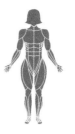

NG!

—— ✕ 手肘過度外開。

✕ 動作進行時手肘抬高。

暖
身

／

上
肢
訓
練

／

緩
和

VIC 教練

小 叮 嚀

• 用力時,可稍微將兩手拳頭朝外旋轉,增加二頭肌
的收縮幅度。

COOL DOWN
緩和

時間	✕	次數
15~30 秒		左右各 2~3 次

COOL DOWN **A**

三角肌伸展

01

站姿，右手朝左邊舉高，約與肩同高。

02

左手與右手垂直，將右手手肘往身體壓緊，伸展三角肌後束。換邊進行。

COOL DOWN B

腕屈伸肌伸展

01

四足跪姿，雙手掌
心貼穩地面。

02

手指朝前方，緩緩將身體
向後移，同時保持掌根貼
緊地面，伸展腕屈肌。

03

翻轉手腕，讓手指向自
己，同樣保持掌跟貼緊
地面，伸展腕伸肌。

DAY 1

暖身 ／ 上肢訓練 ／ 緩和

DAY / 2 多方向下肢
系列

難度

★★★★☆

組合

暖　　身 ▶ **3** 動作

下肢訓練 ▶ **4** 動作

緩　　和 ▶ **2** 動作

撥水式

啟動肌群和部位	✕	次數
前腳小腿肌群 腿後肌群及臀部		每邊 10 次

01

從站姿出發，右腳往前一步，膝蓋不彎曲，左腳微彎。

02

臀部往後推，同時上半身往前、往下，腹部靠近大腿。

03

雙手伸直、像是要撈起腳邊的水，感覺右腳的腿部後側有拉伸展感。

04

手維持伸直的姿勢，上半身抬起回到 1，手肘彎曲回到身側。重複 10 次後換邊。

世界最好的伸展

啟動肌群和部位	✕	次數
髖關節周圍肌群及旋轉肌群		各 10 次

01

左腳向前跨出、呈弓箭步，右腳往後伸直，上半身往前，雙手按穩地面。

02

右手掌在右肩正下方，左手肘彎曲，感覺往地板靠近。

03

左手舉高，帶起胸口朝左旋轉，視線往上看左手。做完 10 次後換邊。

T字單腳延展

啟動肌群和部位	✖	次數
支撐腳推後側肌群， 同時訓練單邊核心 穩定及骨盆控制能力		各 10 次

DAY 2

暖身 ／ 下肢訓練 ／ 緩和

01

站姿出發，右腳踩穩後，左腳抬起，雙手環抱膝蓋。

02

左腳緩慢穩定地向後抬起，同時上半身前傾，雙手往前延伸。盡量讓自己從側面看起來呈 T 字型。結束後換邊。

抬手分腿蹲

01

站姿開始,雙腳打
開與肩同寬、雙手
往上伸直。

02

右腳往後一步下蹲,膝蓋
快碰到地時起身回到 1,
換左腳往後一步下蹲。

後腳下蹲時的距離,前 ▶
腳的膝蓋要 90 度。

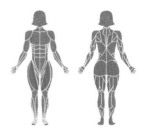

次數／組數	$\times$	時間	$\times$	訓練部位
各15~20 次／1 組 共 3~5 組		每組中間休息 30 秒～1 分鐘		股四頭肌 腿後肌群、臀部

✗ 下蹲時，前腳膝蓋向內夾。
✗ 下蹲時軀幹不穩、旋轉。
✗ 下蹲時拱腰。

變化式

★ 加強版
雙手各持一重物放在身體兩側，增加負荷。

★ 挑戰版
若肌力狀況允許，可將後腳放在沙發上進行後腳抬高蹲，增加平衡
難度和訓練強度。

VIC 教練

小叮嚀

• 前後腳的重心比例，大約是前腳 6: 後腳 4。

側蹲

01

站姿開始,雙腳打開站呈人
字形,雙手交握胸前。

02

將右邊臀部向右、向後延伸,右膝順
勢彎曲,左腳打直讓內收肌群繃緊。

> NG!
>
> ✗ 重心未確實轉移到另一腳。
> ✗ 需要打直的一腳彎曲。

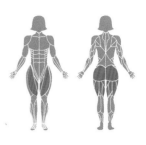

次數／組數	✕	時間	✕	訓練部位
各15~20 次／ 1 組 共 3~5 組		每組中間休息 30 秒～ 1 分鐘		股四頭肌、腿後側 臀部、內收肌群

03

起身時回到 1 後換邊。

變化式

★ **加強版**
可雙手持負重,增加強度。

★ **挑戰版**
在起身時,順勢將重心轉移至另一腳並單腳站,同時訓練單腳穩定。

交叉前屈蹲

01

站姿開始,雙腳打開與肩同寬,雙手交握在胸前,先將右腳往上舉起至膝蓋 90 度。

變化式

★ **加強版**
可雙手持負重,增加強度。

★ **挑戰版**
向後延伸的腳可嘗試懸空不碰地,增加前腳的負荷。

次數／組數	✕	時間	✕	訓練部位
各15~20 次／ 1 組 共 3~5 組		每組中間休息 30 秒～ 1 分鐘		股四頭肌、腿後側 臀部、內收肌群

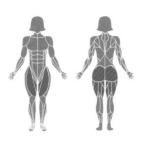

02

把右腳往左後方延伸點地，身體下蹲，回到 1 的位置，再換左腳舉起後往右後方延伸點地、下蹲，重複進行。

NG!

✕ ────
下蹲時，膝蓋與腳尖方向不一致。

✕ 下蹲時，後腳的膝蓋碰地。

VIC 教練

● 下蹲時，將臀部稍微向後腳方向延伸，可增加臀部感受。

小叮嚀

D
A
Y

2

暖身

／

下肢訓練

／

緩和

Part 2 只要想開始，你的身體就是健身房　　141

墊高式單腳蹲

01

找一張穩定的凳子或登階板,右腳往後墊凳子上,左腳在前距離一步,身體往前,保持背部一直線,雙手分別置於左腳踝上方。

02

保持手臂伸直,整個上半身往上抬起,約至雙手摸到膝蓋,再回到 1,反覆進行。

▲ 前腳離凳子的距離,要在抬起時維持蹲姿。

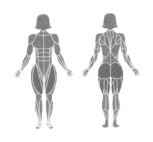

次數／組數	✕	時間	✕	訓練部位
各15~20 次／ 1 組， 共 3~5 組		每組中間休息 30 秒～ 1 分鐘		股四頭肌 腿後側、臀部

暖身 ／ 下肢訓練 ／ 緩和

NG!

✕ 動作中駝背。

✕ 下蹲時，膝關節向前過多。

VIC 教練

• 下蹲速度越慢，可訓練更多的離心肌力

小 叮 嚀

COOL DOWN
緩和

時間 ✕ 次數
15~30 秒　各 2~3 次

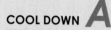

COOL DOWN A

鴿式

01

右腳在前,左腳在後,呈弓步跪姿。

02

將右膝往右倒、右腳盤在前;後腳打直,骨盆保持在中間;上半身可向前延伸,拉伸臀部和腿後肌群。結束後換邊。

COOL DOWN B

跪姿伸展

時間 ╳ 次數
15~30 秒　2~3 次

01

雙腳呈跪姿，雙手
向後撐地。

02

維持雙膝跪地姿勢
下，緩緩將臀部抬
起（離開腳跟），
伸展股四頭肌。

DAY 2

暖身 ／ 下肢訓練 ／ 緩和

第二週

DAY /3 旋轉核心
系列

難度

★★★★☆

組合

暖　　身 ▶ **3** 動作
核心訓練 ▶ **5** 動作
緩　　和 ▶ **2** 動作

毛蟲爬＋摸對側腳尖

啟動肌群和部位	✕	次數
身體前側 腿後肌群、小腿		各 10 次

01

從站姿出發，雙手高舉後，
上半身前彎；雙腳不動，用
雙手往前走，膝蓋不彎曲。

02

雙手走到最遠、差不
多是平板式的位置
後，讓雙腳往前走（膝
蓋不彎曲）。

03

身體維持倒 V 型，雙腳快碰
到手之前，兩手交替摸對側
腳尖，重複約 10 次。

坐姿轉體

啟動肌群和部位 **✕** 次數

啟動旋轉核心肌群　　各 5 次

01

坐姿，雙腳屈膝，微微抬
起離地；身體稍微往後仰，
雙手交握在前保持平衡。

02

上半身分別往左、往右轉，
動作中腳盡量維持離地。

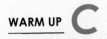

伏地挺身姿軀幹旋轉

啟動肌群和部位	✕	次數
啟動旋轉核心肌群		每邊 10 次

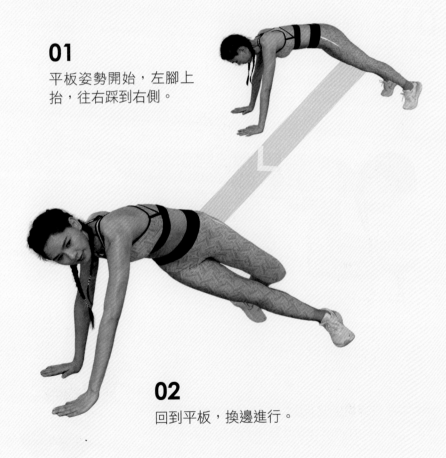

01
平板姿勢開始，左腳上
抬，往右踩到右側。

02
回到平板，換邊進行。

DAY
3

暖身 ／ 核心訓練 ／ 緩和

EXERCISE ▶ 01

進階版棒式轉體

01

棒式姿勢開始,雙手前臂墊
高,掌心朝上;右腳先抬起
後、膝蓋彎曲靠近胸口。

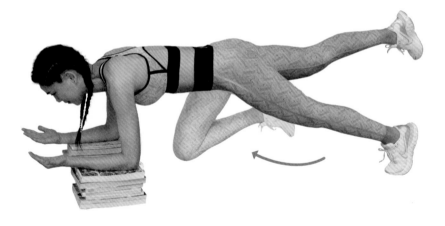

- 感覺骨盆和膝蓋之間的連動,來控制穩定度和角
  度,可以更有效率地提升腹部肌群的感受。

VIC 教練

小 叮 嚀

次數／組數 ✕ 時間 ✕ 訓練部位

各20~30 次／ 1 組　　每組中間休息　　腹部肌群
共 3~5 組　　　　　30 秒～ 1 分鐘

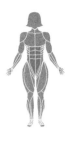

02

維持膝蓋彎曲姿勢，髖部往右旋轉，讓右
膝蓋朝向左邊，回到棒式後再換左腳抬
起，重複 1~2。

暖
身

／

核
心
訓
練

／

緩
和

NG!

✕ 腰部塌陷。
✕ 轉動時，背部拱
　起太多。

抬腳超人式畫圈

01

俯臥姿勢開始，雙手往前延伸，
胸口稍微離開地面，雙腳朝上彎
起約 90 度。

VIC 教練

小叮嚀

• 過程中，要感覺整個核心含臀部肌群的用力。

次數／組數	✕	時間	✕	訓練部位
20~30 次／ 1 組 共 3~5 組		每組中間休息 30 秒～ 1 分鐘		腹部肌群 臀部肌群

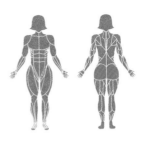

02

雙手繞過兩邊身側畫半圓，來到背後
伸直，再回到 1 的位置。

暖身

／

核心訓練

／

緩和

 NG!

✕ 腳沒有確實彎起，
臀肌沒有啟動。

✕ 胸口以上沒有抬起，
核心沒有出力。

側平板捲腹

01

從側平板的姿勢開始,以單手前臂和
同邊腳為支點,身體懸空。

次數／組數 ✕ 時間 ✕ 訓練部位

各20~30 次／ 1 組
共 3~5 組

每組中間休息
30 秒～ 1 分鐘

腹部肌群

暖身

／

核心訓練

／

緩和

02

上方的手和腳抬起，同時往中間靠
近，過程中核心持續出力。

NG!

✕ 動作過程中，肩關節
不穩定。

V字轉體

01

坐姿開始，上半身抬起，雙
手在胸前交叉，雙腳併攏抬
起，身體呈 V 字型。

變化式

★ 加強版
雙手抱負重物（啞鈴或家中有重量的物品都可以），增加強度。

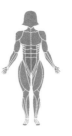

次數／組數 ✕ 時間 ✕ 訓練部位

各 20~30 次／1 組　　每組中間休息　　腹部肌群
共 3~5 組　　　　　30 秒～1 分鐘

暖身　／

核心訓練　／

緩和

02

上半身先往左、再往右，左
右旋轉軀幹，過程中核心要
維持發力。

NG!

✕ 轉動的時候，下肢晃
動過多。

交叉捲腹

01

仰臥姿勢，右腳屈膝踩地，左腳
45度伸直，在捲腹的預備姿勢。

變化式

★ 加強版
  若肌力足夠，可將雙
  腳懸空進行。

- 起身時感覺胸口捲
  起，並往其中一邊
  旋轉，可以增加腹
  部感受。

VIC 教練

小 叮 嚀

次數／組數	✕	時間	✕	訓練部位
各15~20 次／ 1 組 共 3~5 組		每組中間休息 30 秒〜 1 分鐘		腹部肌群

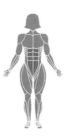

02

上半身捲起時，右手和左腳同時抬起，
回到 1，結束後換邊。

NG!

✕ 錯誤使用頸部
力量代償。

✕ 上半身沒有
完全抬起。

COOL DOWN
緩和

COOL DOWN A
眼鏡蛇式

01

趴姿，掌心朝下貼地，位置在肩膀下方。

02

手掌推地面，雙手拉直，讓頭、胸和腹部離開地面；胸口向上延伸，伸展腹部肌群。

COOL DOWN *B*

膜拜式

01

屁股坐在腳跟上，
上半身趴向地面，
雙手往前延伸，胸
口下壓。

02

臀部盡量靠近腳跟，
感覺下背部伸展。

第二週

DAY / **4** # 跳躍系列

（難度）

★ ★ ★ ★ ☆

（組合）

暖　　身 ▶ **3** 動作

心肺訓練 ▶ **5** 動作

緩　　和 ▶ **2** 動作

毛蟲爬

啟動肌群和部位	✕	次數
身體前側 腿後肌群、小腿		反覆 10 次

DAY 4

暖身 ／ 心肺訓練 ／ 緩和

01

從站姿出發,雙手高
舉後,上半身前彎。

02

雙腳不動,用雙手往前
走,膝蓋不彎曲。

03

雙手走到最遠、差不多是平
板式的位置後,讓雙腳往前
走(膝蓋不彎曲)。

04

身體維持倒 V 型,雙腳
快碰到手之前,重複步
驟 2~3 約 10 次。

WARM UP *B*
世界最好的伸展

啟動肌群和部位	✕	次數
髖關節周圍肌群及旋轉肌群		各 10 次

01

左腳向前跨出、呈弓箭步，右腳往後伸直，上半身往前，雙手按穩地面。

02

右手掌在右肩正下方，左手肘彎曲，感覺往地板靠近。

03

左手舉高，帶起胸口朝左旋轉，視線往上看左手。做完 10 次後換邊。

WARM UP C

小碎步

啟動肌群和部位	✕	次數
快速 提高心跳率		10 秒內 各 3~5 次

快速進行腳的
點踏動作。

DAY

4

暖身 / 心肺訓練 / 緩和

EXERCISE ▶ 01

開合跳

01

站姿開始,雙腳雙腳打開成大字形。

02

雙腳在跳起併攏,雙手同時往上高舉,反覆進行。

NG!

✘ 手沒有確實向上舉起。

✘ 動作過程中,膝蓋不穩定。

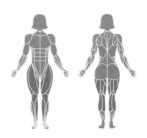

次數／組數	×	時間	×	訓練部位
30~40 次／ 1 組 共 3~5 組		每組中間休息 30 秒～ 1 分鐘		心肺耐力 下肢肌耐力

暖身

／

心肺訓練

／

緩和

變化式

★ 加強版
可在向上跳之後，落地
瞬間加入深蹲動作，增
加下肢肌耐力的訓練。

轉體交互蹲跳

01

站姿開始，左腳在
前膝蓋微彎，右腳
在後約一大步，雙
手交握胸前。

02

向上跳起時於空中將胸口向
左旋轉，落地時朝向左邊；
接著再次跳起，胸口朝右轉，
並在空中交換前後腳落地，
接著換邊。

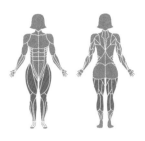

次數／組數	✕	時間	✕	訓練部位
各20~30 次／ 1 組 共 3~5 組		每組中間休息 30 秒～ 1 分鐘		心肺耐力 下肢肌耐力

NG!

✕ 落地時，膝蓋和軀幹不
穩定歪斜。

✕ 下蹲幅度不夠就起跳。

變化式

★ 加強版
可雙手抱重物、負重執行。

★ 挑戰版
跳起在空中轉體時，加入拳擊出拳姿勢，訓練整體協調。

VIC 教練

• 胸口一動作的時候，腳也要跟著啟動。

小叮嚀

抬腿跑

01

站姿開始，雙手
做跑步預備姿勢
在身側舉起。

02

想像要衝刺跑步，快節
奏、大幅度左右交互抬
腿，原地跑步。

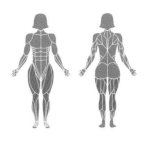

次數／組數	✕	時間	✕	訓練部位
共 40~50 次／1 組 共 3~5 組		每組中間休息 30 秒～1 分鐘		心肺耐力 下肢肌耐力

NG!

✕ 原地跑時，身體向後仰。
✕ 抬腿時外八。

變化式

★ **加強版**
改為實際向前跑進行，抬腿幅度一樣要加大。

★ **挑戰版**
抬腿時往側向進行，保持身體不歪斜。

VIC 教練

• 加上手的擺動，可以加快抬腿的節奏。

小叮嚀

EXERCISE ▶ 04

波比跳

連續動作

01

站姿開始，雙腳打與肩
同寬，上半身往前彎。

02

手掌按穩地面，雙腳同
時往後跳來到平板式。

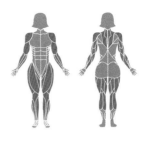

次數／組數	✕	時間	✕	訓練部位
共10~20 次／ 1 組 共 3~5 組		每組中間休息 30 秒～ 1 分鐘		心肺耐力、上肢 與下肢肌耐力

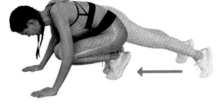

03

雙腳往胸口方向跳，接著再順勢直立往上
跳起，跳起的同時雙手高舉過頭。接著從
1 開始重複。

 NG!

✕ 動作過程頓點過久，不流暢。

變化式

★ **簡單版**
   平板式開始，雙腳往前走往手，雙手高舉往上跳起，落地後雙手伸
   直按穩地面，雙腳往後走回平板式位置，反覆進行。

★ **挑戰版**
   若肌力足夠，可在落地後加入一個伏地挺身再繼續。

★ **挑戰版**
   起跳時可加入大蛙跳動作，將膝蓋向上拉起。

後側輪流跨步

01

雙腳併攏，姿勢微蹲，
雙手在胸前交握。

02

維持微蹲姿，左腳往
左後方點踏後回到 1
的位置。

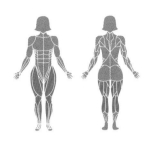

次數／組數 ✖ 時間 ✖ 訓練部位

各20~30 次／ 1 組
共 3~5 組

每組中間休息
30 秒～ 1 分鐘

心肺耐力
下肢肌耐力

03

再快速地換右腳往右後方
點踏，反覆進行。

NG!

✗ 雙腳輪流點踏過程中
沒有維持蹲姿。

COOL DOWN
緩和

COOL DOWN A
內收肌伸展

01

坐姿開始，雙腳伸直，
分別朝左右打開。

02

腳尖朝外，將上半身緩緩
向前趴，伸展大腿的內收
肌群。停留 15~20 秒後起
身，再重複。

COOL DOWN *B*

交叉前彎

01

站姿開始，
雙腳交叉。

02

上半身前彎，並做出向下摸腳
尖的動作。停留 15~20 秒後起
身，重複 2~3 次後換邊。

◀ 除了與一般雙腳平行前彎動作一樣
可伸展到腿後肌群，交叉前彎也可
伸展到大腿外側等肌肉群。

Part 3

運動營養師來解答

想瘦身，一定不能挨餓！

「運動」與「飲食」要互相搭配，在對的時間吃對的食物，就能增進運動的效能。在這次的「14 天女神再造計畫」中，運動營養師楊承樺和健身教練 VIC 一起合作，配合每週的運動菜單，規劃運動前後和沒有運動的休息日，該怎麼吃，才能讓身體獲得有效增肌減脂的營養素！

「運動前先喝一杯綠茶，對於消耗體脂很有幫助！」

「運動後，只要喝運動飲料，不要吃澱粉，這樣瘦得很快。」

「運動之後只要快點喝乳清蛋白，就可以馬上長肌肉。」

　　不管是報章媒體，甚至是社群網站上，充斥著各式各樣的減肥資訊，五花八門，花招百出，只要是想減肥瘦身的人，都能整理出一套屬於自己的「瘦身守則」，然而，面對這些無奇不有的訊息，看在我們運動營養師的眼裡，都會倒吸一口氣，有些憂心，迫不急待地希望和所有想要運動瘦身減脂的朋友們分享正確的觀念。

飲食觀念正確，
為什麼還需要「運動營養師」？

近幾年，健康意識抬頭，崇尚運動，你會發現街頭上跑步的人，騎腳踏車的人增多，街頭巷尾的健身房、健身中心林立，大家都知道運動強身，為了健康，要活就要動；除了運動之外，如何搭配正確的飲食，才是更重要的。

運動營養師不同於醫院中的臨床營養師，他們照護的是通常是患有糖尿病、腎臟病和癌症等等的病患，提出日常的飲食建議；而運動營養師除了瞭解營養學並通過國考營養師資格外，還需要有運動科學相關教育訓練基礎（例如：運動營養學、運動生理學、肌力心肺訓練、動作力學等等），為「在運動」或是「準備開始運動」的人，提出「客製化」的飲食菜單與建議。

以往只有專業的運動員，需要有運動營養師的協助；而如今，任何人想要透過運動，讓身體達到更好的機能狀態，都可以配合運動營養師的諮詢，提供專屬的飲食規劃。

運動營養諮詢時，除了身高和體重的基本訊息外，要再確認「運動狀態」，才能擬定飲食計畫。運動狀態內容就是「FITT」，包含四個要素：運動的頻率（Frequency）、強度（Intensity）、時間（Time）和型態（Type）。

依據不同運動狀態（FITT），調整飲食內容	
頻率 (Frequency)	每週幾次，或是每天幾次。
強度 (Intensity)	通常可依運動時喘的程度來做初步的判斷，譬如可以跑的過程還可以正常說話，或是只能說幾個字以及全程只能專心運動無法說話等等，簡單判斷運動的強度。
時間 (Time)	每個運動動作持續的 時間長度。
型態 (Type)	瑜伽、慢跑、抗阻力的 重訓等等。

　　充分了解運動狀態後，運動營養師就可以開始用飲食菜單介入，同時監測身體在運動過後的變化，定期調整菜單的內容，讓身體的機能保持穩定，同時提高運動對身體效能的改善。

運動後吃對食物，
增肌減脂效率超高！

● 減少脂肪產生

　　強調運動飲食的重要性，主要是因為運動會對於身體的機能產生強烈的影響，所以必須要從飲食中獲得修復與補充。

　　以血液流量來說，在不運動的狀態下，日常每分鐘血液流量大約 5 至 6 公升，但若是奮力運動 1 分鐘，血液分配流量可以高達 28 公升，相差 5 至 6 倍之多！在運動時，你會覺得肌肉變粗壯，那是因為血液往肌肉流動，開始充血，來應付運動所帶來的挑戰；運動結束後不久，血液也是往肌肉流動較多，讓食物避免堆積成脂肪。

● **運動讓肌肉細胞比脂肪細胞更能吸收到熱量**

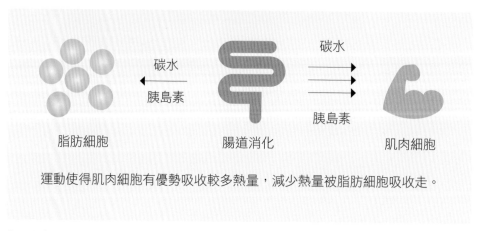

運動使得肌肉細胞有優勢吸收較多熱量，減少熱量被脂肪細胞吸收走。

Coppack, S. W.et al (1990)
Coppack, S. W.et al (1990)Coppack, S. W., Fisher, R. M., Gibbons, G. F., Humphreys, S. M., McDonough, M. J., Potts, J. L., & Frayn, K. N. (1990). Postprandial substrate deposition in human forearm and adipose tissues in vivo. Clinical Science, 79(4), 339-348.

● 運動時，血液流量優先分配到肌肉

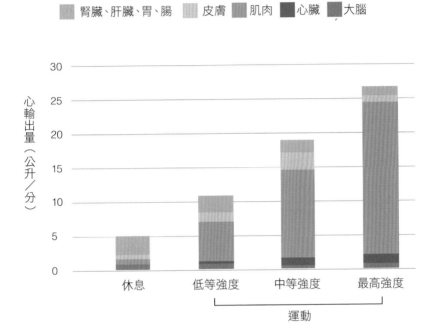

圖例：腎臟、肝臟、胃、腸　皮膚　肌肉　心臟　大腦

心輸出量（公升／分）

30
25
20
15
10
5
0

休息　　低等強度　　中等強度　　最高強度

運動

從圖表中可以看出，運動時，不只血流分配到肌肉的比例最多，
運動強度越高，血流分配到肌肉的比例也越高。

● 充足並適溫的水分補充

另外，運動也會產生身體蛋白質的更新。規律運動的人，對於蛋白質的攝取，都要比沒運動者來得多。而運動對於免疫功能也會產生影響，如果進行長時間運動，在運動前、運動中沒有補充碳水化合物的話，身體的免疫力容易會下降。

而運動時，體溫會升高，會流汗造成水分的流失，如果水喝得不夠的話，身體的耐受度會降低，提早感覺到疲勞，這都是運動對於身體機能的影響。

運動時要多喝水，但要怎麼喝呢？水的「溫度」是很重要的因素。運動時，建議要喝冰水或是冷水，如果一開始無法習慣，至少也要循序漸進的喝，譬如先含在口中等 5 至 10 秒再嚥下，此時水溫就已經在口中進行熱交換而溫度上升不再那麼冰了。

身體的大腦有一個運作機制，不希望身體過熱，因為太熱的話，就是警訊，開始影響身體的活動力，過去有實驗證實在運動時，喝 4 度 C 的水，會比喝 37 度 C 的水運動的過程感受得更輕鬆，且運動能力更久。

根據研究（如圖），測試一群耐力的選手，運動過程中分成四個組別：沒喝水、有喝純水、喝低鈉的運動飲料與標準運動飲料，先進行一次 2 個小時中強度騎車結束後接著測試腿部肌力結果發現，有喝含標準鈉運動飲料的選手們，肌力的下滑程度最少，喝純水跟喝低鈉運動飲料組差不多，沒有喝水的選手是下滑最多。不只是在運動時補充水，鈉含量多寡也會影響身體的機能。

運動對於身體機能會造成不同的影響，當身體機能改變了，除了喝水

● 水份補充對於身體的影響

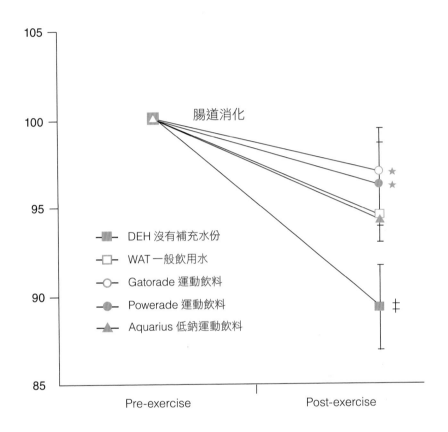

比較肌力下滑的程度，可以發現如果沒有補充水分的話，
肌力下滑最快；低鈉運動飲料和一般飲用水的狀況差不多

Coso et al., (2008)
Coso, J. D., Estevez, E., Baquero, R. A., & Mora-Rodriguez, R. (2008). Anaerobic performance when rehydrating with water or commercially available sports drinks during prolonged exercise in the heat. Applied Physiology, Nutrition, and Metabolism, 33(2), 290-298.

● 水溫對於耐力運動的表現影響

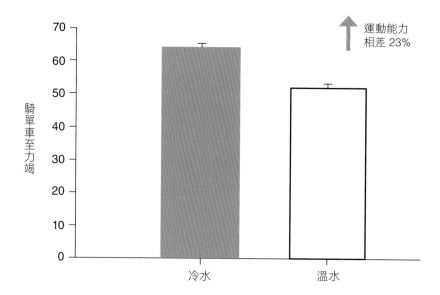

8 名男性，以固定式單車進行中高強度運動；熱環境：35.0 ± 0.2℃；濕度：60 ±1%。分兩組，各喝 3 份 300cc 的冷水（4℃）或溫水（37℃），在運動前 30 分鐘、運動中每 10 分鐘喝 100 cc 相同飲料。

Coso et al., (2008)
Coso, J. D., Estevez, E., Baquero, R. A., & Mora-Rodriguez, R. (2008). Anaerobic performance when rehydrating with water or commercially available sports drinks during prolonged exercise in the heat. Applied Physiology, Nutrition, and Metabolism, 33(2), 290-298.

外，運動前後的飲食內容就更加重要。身體機能在面對運動所帶來的變化後，需要飲食來做修補、緩解與回復。

要瘦就要運動？
三個運動減重的迷思

● 迷思 1：體重和 BMI 值沒下降，就是沒有瘦

有些人開始運動，卻發現自己的體重並沒有減少，通常會有幾種狀況：

1. 體重沒減輕，但實際的肌肉量增加了，體脂肪率有下降。
2. 使用的量測儀器不穩定。
3. 體重反而增加了，表示可能肌肉增加但飲食的內容出現問題，因此可能脂肪並沒有減少故需要做調整。
4. 量測評估方式有誤。
5. 現行的運動與飲食計畫不適合現況的自己。

一般想要達到減重瘦身的目標時，都會只關注體重或 BMI 值，直觀認為體重的增減代表著瘦身的成效與否；但這對於有運動的人來說，很容易會產生錯誤的解讀。對於運動營養師來說，我們會更在意的是「體組成的檢測」，透過 InBody 儀器量測身體，可以實際掌握肌肉量、體脂肪的數值。有時候，體重或許沒有減少，但肌肉量增加了，體脂肪減少了，這才是最

棒的改善狀態。

在利用 InBody 量測時，為了增加數值的正確率，必須注意以下幾種情形：

1. 量測前 3 至 4 小時不可以飲食。
2. 運動後，流汗、泡澡後，因為身體的水分非正常分配，量測得數據也不準。
3. 前天熬夜或是大量飲酒，也會影響數值。
4. 女生生理期前、中，測量出來的數值也會有些許的差異。

除此之外，**定期拍攝身形照，透過正面、側面、背面的身形照對照運動前後的差異**，這也是是否有達成運動成效的依據。

不適合測量 InBody 的時間

1. 飲食完後的 3~4 小時　　2. 流汗、泡澡後、運動之後。
3. 前一天熬夜或是喝酒。　　4. 女生生理期前、中。

肌肉量和體脂量的改變，才是關鍵！

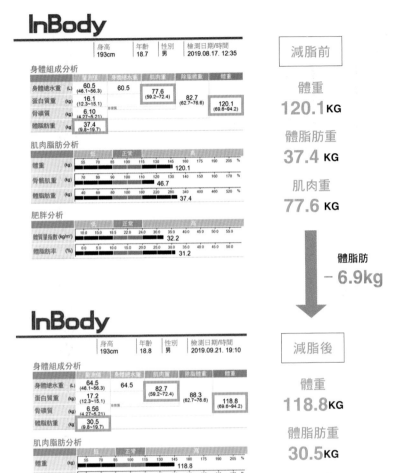

這位 18 歲、身高 193 公分的案例，就是不要看體重的破除迷思最佳案例。InBody 的量測資料顯示，他的體重「只」減了 1.3 公斤，但實際上，他的肌肉量增加了 5.1 公斤，體脂則減了 6.9 公斤，體脂率從 31.2% 下修為 25.7%，一個月時間內減少了 5.5%。

● 迷思 2：先減輕體重再運動，比較不會變「壯」

想要利用運動，達到瘦身減脂的目的，坊間有些訊息都會建議，要先將體重降下來再去運動，尤其是女生，希望身材是穠纖合度，但不希望有太明顯的肌肉。

其實，不管是先飲食調整，再運動；或是先運動再搭配飲食，這都是策略的選擇，基本上沒有對錯，但是不是會變壯？或是復胖？都跟「飲食」相關，會感覺運動而變壯的，很可能是肌肉有成長，但飲食搭配不對，使得體脂肪並沒有減少的緣故居多。必須在對的時間吃對的食物，而這正是運動營養師想教給每個人的觀念。

通常會接受「先減重後運動」的說法，其實可能是心理上還沒準備好開始運動，這也是行為改變中的思考期，察覺到問題但還沒備好開始行動。應該要將「運動」與「飲食調整」分開來看，如果就現階段而言，無法兩者兼顧的話，那就先專心做好一件事情，選擇想先做飲食調整減重的話，那就先學習正確的飲食：原來蔬菜是要這樣吃，主食要如何選擇一些有飽足感又健康的品項，有目的的攝取蛋白質等等。

對於一般人來說，這些學習都是改變的過程，這個改變可能感受到是個挑戰或是壓力，但無論是哪個都是好的開始。等到飲食習慣改變，適應了，再開始運動，這時運動的意願或許就提高了。我們可以慢，可以等，重點是要堅持與持續，最終還是可以完成運動健身健美的目標。

● 迷思 3：168 斷食法不適合有在運動的人

近年來，「168 斷食法」因為一些研究結論認為能有效達到減重瘦身

的效果，因此受到許多影視明星和網紅名人的青睞。「168 斷食法」是指一天 24 小時中，16 小時維持空腹，將三餐的進食時間限定在其餘的 8 小時內。在斷食的時間，胰島素下降，會促進脂肪的分解，達到瘦身的效果。

對於有穩定運動習慣的人來說，搭配 168 斷食法的話，的確可以達到減脂的效果且較不容易流失肌肉量，但是如果只是單純的實行 168 飲食原則而沒有搭配運動的話，就會有流失肌肉量的風險。

此外，運動的時間建議要安排在可以進食的 8 小時中，站在營養師的立場，運動後一定要利用飲食攝取足夠的營養素，來幫助身體修復。

專家來解答！
運動前後該怎麼吃

對於正在運動、想要運動的人來說，如果想要達到瘦身減脂的話，最常看見的建議就是要開始選擇水煮、低卡的飲食，期望加速達成目標，但這樣的方式或許也會有效，但因為不符合身體機能的期待，執行力無法持久，效果會適得其反，運動前後飲食的分配必須要有策略。

「有中高強度以上的運動前後，建議要用餐」，這是很重要的觀念！如果選擇不吃、吃得太少、甚至是吃錯等等，都會讓人覺得運動太辛苦了，而根本不想持續下去。運動前後一定都要吃，而且要吃對食物，才能培養出穩定的運動習慣。

● 運動前：碳水化合物為主，不要吃大量蔬菜

以碳水化合物（例如澱粉）為主，主要原因是讓身體比較有力氣去運動，足夠的碳水化合物也會讓運動中身體的疲勞感少一點或慢點來，那麼就比較能再去挑戰應該達到的運動強度。根據多篇研究總論顯示，對於健康者較高強度的運動對身體健康的改善效益比低強度來得好。

若是不吃澱粉，一開始短期內的確會瘦很快，我們都會以為短期有效就是對自己最好的，但其實這不僅是錯誤的，同時很難堅持下去，無法持久。

另外，運動前不要吃太多高纖的食物，譬如大量的蔬菜，尤其是要跑步或是需要做較重的負重深蹲的動作，太多高纖的食物，身體來不及消化就去運動的話，會造成胃部的壓力，增加身體的負擔，這點請大家一定要注意。

● 運動後：盡快吃碳水和蛋白質

運動後，站在營養師的立場，就是要「盡快吃」！攝取的食物，除了碳水化合物外，還需要再加入蛋白質類的食物，主要是因為蛋白質會幫助運動後的肌肉修復合成。在運動過程中，肌肉其實就是在進行汰舊換新的工作，有強度的運動多少會造成肌肉損傷。

根據研究，運動強度會影響肌肉的修復時間，中強度的運動後大約是伴隨輕度損傷，一般人在 48 小時左右就可以恢復；高強度的運動伴隨嚴重的損傷，如全力以赴馬拉松比賽，甚至需要長達一週以上的修復期；而剛開始要運動的人，肌肉的修復期也會比經常運動的人來得長，因此在運動

不同的運動強度，肌肉的損傷和修復期也不同

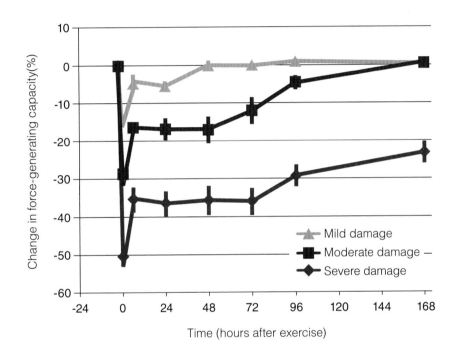

不同的運動強度，肌肉需要的恢復期也會不同。

Paulsen, G. et al (2012).
Paulsen, G., Ramer Mikkelsen, U., Raastad, T., & Peake, J. M. (2012). Leucocytes, cytokines and satellite cells: what role do they play in muscle damage and regeneration following eccentric exercise?. Exercise immunology review, 18.

後蛋白質的補充非常重要，讓肌肉獲得修復，才可以再迎接下次運動的挑戰，獲得正向的循環，達到運動的目的。

不只運動前，運動後還是需要補充碳水化合物。碳水化合物是提供免疫細胞和神經等等體內組成重要的能量來源，也是細胞與神經運作的驅動力，如果攝取的太少，容易讓運動後疲勞感延長干擾日常工作感受，嚴重的話甚至影響到免疫功能。

但有一點必須注意，高強度運動後不適合只吃沙拉，尤其只有蔬菜為主的沙拉，缺乏充足的蛋白質和碳水化合物，也就沒有辦法修復運動過後需要修復的營養素。

● 烹調的方式：避開油炸和高油脂，不過份調味

搭配運動的飲食，原則上只要避開油炸或高油脂，並不限於清蒸和川燙的食物。建議挑選高品質的烹調用油；而調味的搭配，還是需要攝取適當的鹽份，不必堅持清淡的零調味。除了美味與否的考量外，鹽份中適度的鈉可以幫助水分的吸收幫助身體的水恢復，鈉的攝取量多寡，可取決運動時的流汗量，流汗量多者，鈉的攝取就要略微增加，主要要避免發生頭暈或是低血鈉的情況。

流汗量的計算方式：運動前的體重－運動後的體重＝流汗量

● 飲食原則建議：

　　想要在 14 天內，配合一週四次、中強度的運動，達到高效增肌減脂的目的，一天三餐的建議的大方向如下。搭配健身教練特別設計的 14 天運動菜單強度，加上詳細的飲食建議，給自己兩週的時間，嘗試運動搭配飲食的效果看看！

用餐時間	飲食原則
早餐	1. 增加蔬菜量 2. 低量的碳水化合物 3. 蛋白質高
午餐	1. 增加蔬菜量 2. 中量的碳水化合物 3. 蛋白質中～高
運動後 （晚餐）	1. 三角飯糰 2. 豆漿或是牛奶 3. 雞胸肉
晚餐	1. 搭配運動後的飲食，晚餐就可以分成兩餐。 2. 如果是低強度的運動，晚餐可以只喝無糖高纖豆漿。

* 每個人的運動量和身體組成不同，請依自己的狀況，隨時觀察身體的變化，如果有慢性疾病或正在服藥治療，請一定要和醫生討論後再進行，或是諮詢過如營養師等等的專業人士後再進行。

14 天減脂運動餐

運動	早餐	午餐	晚餐
Day 1 上肢 ★★☆	微波雞胸肉 1 袋 無加糖高纖豆漿 450ml	帶皮地瓜 110g 泰式鯛魚片 160g （🍴P201） 炒青菜 1 盤	（運動前）奇異果 2 顆 （運動前）燙青菜 1 盤 （運動前）涼拌小黃瓜 1 盤 （運動後）小碗牛肉麵 1 碗
Day 2 下肢 ★★★	蝦仁蒸蛋 香蕉牛奶蛋白飲 1 杯 （🍴P225）	牛肉小火鍋（含飯） 燙青菜 1 盤 大杯無糖鮮奶茶 1 杯 水果 1 盒	（運動前）芭樂半顆 （運動前）燙青菜 2 盤 （運動前）滷豆乾 3 片 （運動後）蝦仁餛飩麵 1 碗
Day 3	吐司夾蛋 1 份 蘋果 1 顆 無加糖高纖豆漿 450ml	小碗肉燥麵 1 碗 皮蛋豆腐 1 份 燙青菜 2 盤	鮮蔬燉雞腿（🍴P203） 炒青菜 1 盤
Day 4 核心 ★☆☆	茶葉蛋 2 顆 無加糖黑豆漿 450ml	鮭魚佐馬鈴薯泥 （🍴P205） 青菜 100g 小蕃茄 20 顆	（運動前）豬肉蔬菜捲（🍴P207） （運動前）燙青菜 1 碗 （運動前）小蘋果 1 顆
Day 5	御飯糰 1 個 水果 1 盒 無糖豆漿 450ml	滷雞腿便當（去皮、飯吃一半） 生菜沙拉 1 盒	鹹水雞（雞腿、雞胸、豆乾、鳥蛋、青菜 2 種）
Day 6 心肺 ★★★	微波溫泉蛋 1 袋 無加糖高纖豆漿 450ml	牛肉蛋炒菇菇飯 （🍴P209） 燙青菜 150g 香蕉 1 根	（運動前）水果 1 盒 （運動前）雞肉生菜沙拉 1 盒 （運動前）低脂牛奶 290ml （運動後）茶葉蛋 1 顆 （運動後）全家握便當 1 個
Day 7	玉米蛋餅 1 份 低糖高纖豆漿 450ml	小碗雞肉飯 1 碗 滷素雞 1 條 小魚乾豆乾 1 盤 燙青菜 2 盤	海鮮火鍋 （不吃主食和火鍋料）

讓運動不做白工，配合運動日、恢復日的 14 天飲食，有效率的打造體態！

運動	早餐	午餐	晚餐
Day 8 上肢 ★★☆	微波雞胸肉 1 袋 超商蒸黑豆 1 袋 無糖希臘優格 210g	堅果香奶雞胸肉 （🍴P213） 生菜沙拉 1 盒	（運動前）西瓜 2 碗 （運動前）高麗菜 1 份、花椰菜 1 份 （運動前）鳥蛋 1 份 （運動前）滷豆乾 1 份 （運動後）滷味冬粉 1 份
Day 9 下肢 ★★★	荷包蛋 2 顆 多纖希臘優格飲 1 杯 （🍴P227）	滷排骨便當 1 份 （飯吃 1/4） 燙青菜 2 盤 低脂牛奶 290ml 柳丁 1 顆	（運動前）葡萄 13 顆 （運動前）原味蘇打餅乾 3 片 （運動後）牡蠣彩蔬義大利麵 （🍴P211）
Day 10	原味蛋餅 小番茄 17 顆 低糖高纖豆漿 450ml	水餃 6 顆 豬肝湯 1 碗 燙青菜 2 盤	冬瓜煲雞肉（🍴P215）
Day 11 核心 ★☆☆	里肌肉 2 片 無加糖黑豆漿 450ml	蓮藕雞胸肉餅 （🍴P217） 炒青菜 200g 哈密瓜 1/4 顆	（運動前）木須炒麵 1 份（🍴P219） （運動前）哈密瓜 1/4 顆 （運動後）水煮蛋 1 顆
Day 12	火腿蛋起司吐司 1 份 中杯豆漿 1 杯	烤多蛋白餐盒 （飯吃一半） 茶葉蛋 1 顆 小滷青蔬 1 袋	滷雞腿（L 型雞腿） 滷蛋 1 顆（🍴P223） 青菜 2 份
Day 13 心肺 ★★★	雞肉生菜沙拉 1 盒 無糖豆漿 450m	火雞肉潛艇堡 加蛋 1 份 生菜沙拉 1 盒 水果 1 盒	（運動前）鳳梨 1 碗 （運動前）關東煮白蘿蔔、香菇 （運動前）蒸大豆 1 袋 （運動後）牛肉起司漢堡 1 份
Day 14	水煮蛋 1 顆 莓果燕麥蛋白飲 1 杯 （🍴P229）	海鮮烏龍湯麵 （🍴P221） 燙青菜 1 盤	微波鹽味毛豆 1 袋 嫩豆腐 1 盒 茶葉蛋 1 顆 關東煮蔬菜 4 份

泰式鯛魚片

● 材料

鯛魚片…160g
洋蔥…10g
大番茄…10g
香菜…適量
大蒜…3~5 瓣
紅辣椒…1/2 根
※ 香菜、大蒜和辣椒的份量可視自己口味調整

小黃瓜…60g
美生菜…20g

調味料
米酒、鹽、黑胡椒粒、檸檬汁、白糖

● 作法

1 將鯛魚片先用米酒、鹽、黑胡椒粒，抹在表面去腥靜置醃漬，約 10 分鐘。

2 將洋蔥、大番茄、香菜、紅辣椒、洋蔥和大蒜切碎末。

3 檸檬汁和白糖拌勻作為醬汁，並將步驟 2 食材均勻拌入。

以上步驟 2 和 3 視個人口味酌量添加食材量。

4 鍋內放入少許烹調油，將醃漬後的鯛魚片下鍋，以中小火兩面煎熟。

5 承裝容器鋪上美生菜和小黃瓜（切片）。

6 將煎好的鯛魚片放生菜上，淋上醬汁，即完成。

總熱量

319
kcal

蛋白質
29g

醣類
13g

脂肪
17g

鮮蔬燉雞腿

● 材料

去骨雞腿肉…200g
胡蘿蔔…30g
小黃瓜…20g
洋蔥…20g
蘑菇…30g
大蒜… 3~5 瓣

調味料
醬油、砂糖、鹽

● 作法

1 將雞腿肉切適口大小，胡蘿蔔、小黃瓜、洋蔥、蘑菇和大蒜切片。

2 鍋中放入少許烹調油，開小火將大蒜和洋蔥爆香。

3 放入雞腿肉，加入適量的鹽初步調味，於鍋中翻炒至約 6 分熟。

4 加入約 100ml 的水，同時以適量醬油和砂糖加入調味，蓋上鍋蓋，以小火燉煮約 15 分鐘。

不要把汁收太乾，還有蔬菜要下鍋，燉煮時間可視收汁狀況自行調整。

5 開中火，把其餘蔬菜放入，拌炒至熟軟後即完成。

總熱量
290
kcal

蛋白質
36g

醣類
5g

脂肪
14g

鮭魚佐馬鈴薯泥

● 材料

馬鈴薯…90g
鮭魚…100g
花椰菜…50g
胡蘿蔔…50g

調味料
鹽巴、胡椒、奶油

● 作法

1 馬鈴薯削皮,切小塊,以水煮煮熟或以電鍋蒸熟。

2 把熟透的馬鈴薯加入鹽巴、胡椒和少許奶油,用叉子壓扁攪拌成綿密狀。

3 鮭魚表面撒上鹽巴和胡椒,放入烤箱中烤熟。

可先用廚房紙巾將鮭魚表面的水分去除。

4 花椰菜洗淨切小朵,胡蘿蔔去皮並切小塊,以水煮煮熟。

5 將所有完成的食材擺放在一起,就完成了。

總熱量
302
kcal

蛋白質
24g

醣類
20g

脂肪
14g

豬肉蔬菜捲

● 材料

豬里肌⋯145g（約 4 片）
南瓜⋯170g
紅甜椒⋯ 50g
四季豆⋯ 50g

調味料
鹽、醬油、砂糖

● 作法

1 將南瓜去皮後切條狀，甜椒和四季豆也洗淨切條。

2 用豬肉片把步驟 1 食材捲起包好。

3 在鍋中放入少許烹調油，熱鍋後，將豬肉捲放入鍋中，並加入調味料，煎熟即完成。

總熱量
425
kcal

蛋白質
33g

醣類
35g

脂肪
17g

牛肉蛋炒菇菇飯

- 材料

  全穀米…40g
  秀珍菇 …50g
  胡蘿蔔 …50g
  蔥 …1 根
  牛肉片…75g
  蛋 …1 顆

  調味料
  醬油、胡椒

- 作法

  1 全穀米洗淨後，放入電鍋蒸熟。

  2 將秀珍菇和胡蘿蔔洗淨後切小塊，蔥切段。

  3 鍋中放入油，等待熱鍋時將蛋打散，接著把牛肉片和蛋一起下鍋拌炒，炒至七分熟後，將步驟 2 蔬菜一起加入炒香。

  4 最後將煮熟的全穀飯一起加入炒均勻，並酌量加入調味料調味，即可完成。

總熱量
424
kcal

蛋白質
26g

醣類
35g

脂肪
20g

牡蠣彩蔬義大利麵

● 材料

黃甜椒…30g
碗豆莢…40g
美白菇…50g
大番茄…40g
洋蔥…40g
乾義大利麵…60g
牡蠣…150g
九層塔…適量

調味料
鹽、黑胡椒

● 作法

1 把黃甜椒、碗豆莢、美白菇、大番茄和洋蔥
切成條狀。

2 在湯鍋中煮滾水,加入少許鹽,再放入義大
利麵煮熟。

3 於炒鍋中放入少許烹調油,熱鍋後加入步驟
1 蔬菜炒香。

4 蔬菜炒軟後,加入牡蠣一起炒。

5 待食材都熟後,放入煮熟的麵條,撒上黑胡
椒調味,拌炒均勻即完成。

總熱量
480
kcal
／
蛋白質
29g
／
醣類
55g
／
脂肪
16g

● 材料

雞胸肉…110g
原味綜合堅果…10g
蛋…1 顆
加鹽奶油…10g
大番茄…50g
洋蔥…50g

調味料
大蒜、胡椒、鹽

● 作法

1 將雞胸肉切成薄片，以鹽和胡椒醃漬，將堅
　果敲碎或磨碎，把蛋打散。

2 把醃漬後的切片雞胸肉均勻沾滿蛋液，奶油
　放入煎鍋後，將雞胸肉片入鍋，熟了後盛起
　備用，鍋子先不洗。

3 將大番茄和洋蔥切塊，大蒜也切小塊，放入
　步驟 2 的鍋中，待全熟後即可撈出。

4 步驟 3 的蔬菜淋上煎熟的雞胸肉，加上碎堅
　果即完成。

RECIPES
07

堅果奶香雞胸肉

總熱量
334
kcal

蛋白質
29g

醣類
5g

脂肪
22g

● 材料

去骨雞腿肉…200g
冬瓜…200g

調味料
鹽、米酒、紅辣椒、蔥、蠔油

RECIPES

08

冬瓜煲雞肉

● 作法

1 將雞腿肉切塊，加入鹽、米酒和少許蠔油，均勻攪拌後醃漬約 10 分鐘。

2 冬瓜去皮去籽洗淨後，切成適口大小，放入耐熱的容器中。

3 將醃好的雞腿肉鋪在冬瓜塊上，撒上切段的辣椒和蔥，放入電鍋中蒸熟（或微波爐至少 8 分鐘），即完成。

總熱量
413
kcal

蛋白質
37g

醣類
10g

脂肪
25g

蓮藕雞胸肉餅

● 材料

雞胸肉…110g
蓮藕…100g

調味料
大蒜、米酒、醬油、蔥花、胡椒

● 作法

1 將雞胸肉切小塊放入食物調理機內，與大蒜和米酒一起打成肉泥。

2 蓮藕洗淨後切薄片，像夾心餅乾一樣，兩片包入肉泥壓緊。

3 鍋中放油，熱鍋後把蓮藕肉餅放入，小火慢煎至蓮藕成金黃色。

4 .最後加入醬油和水慢慢悶熟，撒上蔥花和胡椒後呈盤，即可完成。

總熱量
278
kcal

蛋白質
23g

醣類
15g

脂肪
14g

● 材料

黑木耳…30g
胡蘿蔔…25g
洋蔥…30g
青江菜…25g
金針菇…30g
豆芽…30g
韭黃…30g
豬肉絲…100g
濕寬麵條…60g

調味料
醬油、鹽

木須炒麵

● 作法

1 黑木耳、胡蘿蔔（削皮）和洋蔥切絲，青江菜切適口大小，金針菇去根洗淨，豆芽和韭黃洗淨備用。

2 於鍋中放油，熱鍋後加入豬肉絲炒至半熟後，放入步驟 1 食材，均勻炒熟。

3 加入麵條進入鍋中，持續攪拌，待食材混合得差不多後，加入醬油和鹽調味，即可完成。

總熱量
439
kcal

蛋白質
27g

醣類
40g

脂肪
19g

海鮮烏龍湯麵

● 材料

蝦子…3 隻
花枝…70g
文蛤…10 顆
青江菜…20g
香菇…30g
玉米筍…25g
海帶芽…25g
烏龍麵…60g
蛋…2 顆

調味料

鰹魚醬汁、白胡椒、蔥花

● 作法

1 將蝦子去腸泥，花枝洗淨後切成適口大小，
文蛤泡鹽水吐沙。

> 不想處理蝦子的話，也可直接買去殼蝦仁。

2 青江菜、香菇和玉米筍均切小段，備用。

3 以湯鍋煮一鍋滾水，放入鰹魚醬汁和步驟 1
的海鮮。

> 水的分量視想要多少湯而定。

4 待蝦子開始呈現紅色後，放入烏龍麵。記得
攪拌一下，避免黏鍋。

5 將蛋打入鍋中，並將所有蔬菜一同放入鍋中
煮熟。

6 當所有食材均熟透後，關火撈出，撒上蔥花
和白胡椒調味，即完成。

總熱量
394
kcal

蛋白質
27g

醣類
40g

脂肪
14g

滷雞腿、
滷蛋、青菜

● 材料

胡蘿蔔…100g
洋蔥…35g
大番茄…35g
海帶…30g
雞腿…2 隻
方豆乾…2 片

調味料

醬油、米酒、八角、老薑、大蒜、冰糖、滷包

● 作法

1 胡蘿蔔、洋蔥、大番茄和海帶切塊備用。

2 將所有調味料和步驟 1 的食材放入鍋中,加水將所有食材淹過,即可開始蓋上鍋蓋,用小火悶煮。

市售滷包的味道已經很足夠,其他調味料可視個人口味酌量加一點就好。

3 水滾後加入雞腿和方豆乾,確保水量有蓋過所有食材,如果沒有要再加水。

4 待食材全熟並且微收汁後,即完成。

總熱量
453
kcal

蛋白質
37g

醣類
20g

脂肪
25g

香蕉牛奶蛋白飲

● 材料

乳清蛋白…30g(1 匙)
低脂牛奶…290ml
香蕉…70g

● 作法

1 將牛奶和乳清蛋白放入果汁機均勻攪打。

2 香蕉去皮切片後,也放入果汁機均勻攪打,即完成。

總熱量
409
kcal
/
蛋白質
30g
/
醣類
29g
/
脂肪
19g

多纖希臘優格飲

● 材料

原味希臘優格…150g
大番茄…50g
小黃瓜…50g

● 作法

1 將大番茄和小黃瓜洗淨後,盡量切碎。

2 所有食材均勻攪拌一起即可,或有調理機的話,使用機器打勻。

3 可直接單吃或者作為主菜的醬汁,增加風味。

總熱量
269
kcal

蛋白質
8g

醣類
12g

脂肪
21g

莓果燕麥蛋白飲

● 材料

無糖豆漿⋯450ml
原味燕麥⋯40g
綜合莓果類⋯100g

● 作法

1 將綜合莓果和無糖豆漿放入果汁機,均勻攪打。

2 最後拌入燕麥,即完成。

總熱量
362
kcal

蛋白質
19g

醣類
52g

脂肪
9g

health
H
06

動吃瘦！女神養成提案

14 天高效健身和飲食全攻略，有效燃脂、確實增肌！

作　　　者／潘慧如、張家慧、楊承樺、蔡在峰
封面攝影／葉智鴻 Leaf Yeh
內文攝影／璞真奕睿影像工作室
料理示範／陳允中
封面設計／比比司設計工作室
內文排版／王氏研創藝術有限公司
內文設計／王氏研創藝術有限公司
選書人（書籍企劃）／賴秉薇
責任編輯／賴秉薇

出　　　版／境好出版事業有限公司
總 編 輯／黃文慧
主　　　編／賴秉薇、蕭歆儀、周書宇
行銷經理／吳孟蓉
會計行政／簡佩鈺
地　　　址／10491 台北市中山區松江路 131-6 號 3 樓
粉 絲 團／https://www.facebook.com/JinghaoBOOK
電　　　話／(02)2516-6892
傳　　　真／(02)2516-6891

發　　　行／采實文化事業股份有限公司
地　　　址／10457 台北市中山區南京東路二段 95 號 9 樓
電　　　話／(02)2511-9798　傳真：(02)2571-3298
電子信箱／acme@acmebook.com.tw
采實官網／www.acmebook.com.tw

法律顧問／第一國際法律事務所 余淑杏律師

ISBN ／ 978-626-95023-9-4
定　　　價／420 元
初版一刷／2021 年 11 月

Printed in Taiwan 版權所有，未經同意不得重製、轉載、翻印
【**特別聲明**】有關本書中的言論內容，不代表本公司立場及意見，由作者自行承擔文責。

國家圖書館出版品預行編目資料

動吃瘦！女神養成提案：14 天高效健身和飲食全攻略，有效燃脂、確實增肌！／潘慧如、張家
慧、楊承樺、蔡在峰著 . -- 初版 . -- 臺北市：境好出版事業有限公司出版：采實文化事業股份
有限公司發行，2021.11
　面；公分 .--
ISBN 978-626-95023-9-4(平裝)

1. 塑身 2. 減重 3. 健康飲食
425.2
110016510

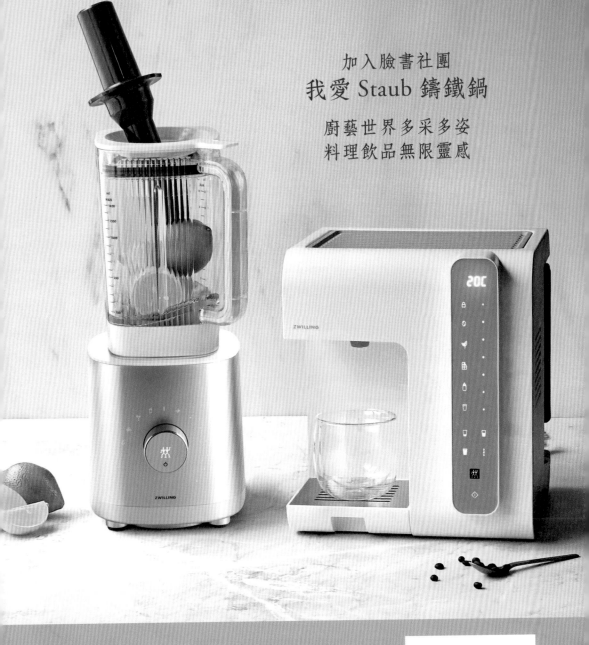

加入臉書社團
我愛 Staub 鑄鐵鍋

廚藝世界多采多姿
料理飲品無限靈感

我愛Staub鑄鐵鍋

加入臉書「我愛STAUB鑄鐵鍋」社團，
跟愛好者一起交流互動，欣賞彼此的料理與美鍋，
並可參加社團舉辦料理晒圖抽獎活動。

黑豆漿　更營養

100% 青仁黑豆　輕盈美力每一天

使用100%青仁黑豆
☑ 營養更加分

無加糖配方
☑ 輕盈少負擔

大豆異黃酮＋鎂鐵鋅微量元素
☑ 活力好氣色

整瓶含15.2克蛋白質
☑ 蛋白質幫助肌肉生長

0 加糖
0 添加

100%
青仁黑豆

15.2g
蛋白質

愛用者服務專線：0800037520
服務信箱：臺灣臺南市永康區中正路301號
網址：www.uni-president.com.tw
www.pecos.com.tw

統一企業（股）公司
UNI-PRESIDENT ENTERPRISES CORP.

開 創 健 康 快 樂 的 明 天

私密肌的專屬SPA
涼感抑菌美容淨白露
研究室系列

 涼感香氛 × 持久舒適

Mdmmd.
研究室

ANTI-BACTERIAL &
BRIGHTENING
FEMININE WASH

COOL

PH值
3.5-4.5

涼感
私密抑菌淨白露
內含植物萃取
400 mL

Mdmmd.
研究室

ANTI-BACTERIAL &
BRIGHTENING
FEMININE WASH

COOL

PH值
3.5-4.5

涼感
私密抑菌淨白露
內含植物萃取
400 mL

拳擊理事會 WBC 榮譽品牌

全系列產品

MaxxMMA是世界著名WBC拳擊理事會榮譽品牌，其下的拳擊手套及健身產品深受拳擊運動者愛好歡迎。**拳擊手套採手車縫製作，外層選擇超軟PU，全掌心網布透氣多層複合內膽設計**，握拳有力，和拳擊手綁帶搭配使用，保護手腕效果俱佳，感覺得到強有力支撐，出拳就倍感自信。

專利水氣沙袋、專利速度球、高防護拳擊手套等搏擊用品歡迎健身房合作提案，更期待喜愛拳擊運動的您，戴上MaxxMMA，**拳心拳意，擊出美妙人生！**

初階→進階，
都該用這雙拳套

台灣總代理　魯克海斯有限公司
(02) 22408168　www.funsport.com.tw

正 貼
郵 票

境好出版

10491 台北市中山區松江路 131-6 號 3 樓

境好出版事業有限公司　收

讀者服務專線：02-2516-6892

寄回函，抽好禮！

將讀者回饋卡填妥寄回，就有機會獲得精美大獎！

法國 Staub
法瑯
鑄鐵飯鍋
（16cm）
抽 **2** 名
市價 7,700 元．規格 11721602．白色

ZWILLING 德國雙人
ENFINIGY 鈦銀系列
破壁調理機
（蔬果機／果汁機）
抽 **2** 名
市價 18,000 元．規格 1020340．銀色

動吃瘦！
女神養成提案
14天高效健身和飲食全攻略，
有效燃脂、確實增肌！

活動截止日期：即日起至 2022 年 1 月 31 日
得獎名單公布：2022 年 2 月 15 日
公布於境好出版 FB

| 讀者回饋卡 |

感謝您購買本書，您的建議是境好出版前進的原動力。請撥冗填寫此卡，我們將不定期提供您最新的出版訊息與優惠活動。您的支持與鼓勵，將使我們更加努力製作出更好的作品。

讀者資料（本資料只供出版社內部建檔及寄送必要書訊時使用）

姓名：_____ 性別：□男 □女 出生年月日：民國____年____月____日

E-MAIL：_____

地址：_____

電話：_____ 手機：_____ 傳真：_____

職業：□學生 □生產、製造 □金融、商業 □傳播、廣告 □軍人、公務
　　　□教育、文化 □旅遊、運輸 □醫療、保健 □仲介、服務 □自由、家管
　　　□其他 _____

購書資訊

1. 您如何購買本書？
   □一般書店（縣市 書店） □網路書店（書店） □量販店 □郵購 □其他

2. 您從何處知道本書？
   □一般書店 □網路書店（書店） □量販店 □報紙 □廣播電社
   □社群媒體 □朋友推薦 □其他

3. 您購買本書的原因？
   □喜歡作者 □對內容感興趣 □工作需要 □其他

4. 您對本書的評價：（ 請填代號 1. 非常滿意 2. 滿意 3. 尚可 4. 待改進）
   □定價 □內容 □版面編排 □印刷 □整體評價

5. 您的閱讀習慣：
   □生活飲食 □商業理財 □健康醫療 □心靈勵志 □藝術設計 □文史哲
   □其他 _____

6. 您最喜歡作者在本書中的哪一個單元：_____

7. 您對本書或境好出版的建議：_____